奇妙的
动植物世界

生物百科

能干掉动物的植物

郭永涛 著

中州古籍出版社

图书在版编目（CIP）数据

能干掉动物的植物 / 郭永涛著 . — 郑州 : 中州古籍出版社 , 2016.9

ISBN 978-7-5348-6213-7

Ⅰ . ①能… Ⅱ . ①郭… Ⅲ . ①植物—普及读物 Ⅳ . ① Q94-49

中国版本图书馆 CIP 数据核字 (2016) 第 093974 号

策划编辑：吴　浩

责任编辑：翟　楠 唐志辉

统筹策划：书之媒

装帧设计：严　潇

图片提供：fotolia

出版社：中州古籍出版社

（地址：郑州市经五路 66 号 电话：0371 - 65788808 65788179

邮政编码：450002）

发行单位：新华书店

承印单位：河北鹏润印刷有限公司

开本：710mm × 1000mm　1/16

印张：8　字数：99 千字

版次：2016 年 9 月第 1 版　印次：2017 年 7 月第 2 次印刷

定价：27.00 元

前 言 PREFACE

广袤太空，神秘莫测；大千世界，无奇不有；人类历史，纷繁复杂；个体生命，奥妙无穷。我们所生活的地球是一个灿烂的生物世界。小到显微镜下才能看到的微生物，大到遨游于碧海的巨鲸，它们都过着丰富多彩的生活，展示了引人入胜的生命图景。

生物又称生命体、有机体，是有生命的个体。生物最重要和最基本的特征是能够进行新陈代谢及遗传。生物不仅能够进行合成代谢与分解代谢这两个相反的过程，而且可以进行繁殖，这是生命现象的基础所在。自然界是由生物和非生物的物质和能量组成的。无生命的物质和能量叫做非生物，而是否有新陈代谢是生物与非生物最本质的区别。地球上的植物约有50多万种，动物约有150多万种。多种多样的生物不仅维持了自然界的持续发展，而且构成了人类赖以生存和发展的基本条件。但是，现存的动植物种类与数量急剧减少，只有历史峰值的十分之一左右。这迫切需要我们行动起来，竭尽所能保护现有的生物物种，使我们的共同家园更美好。

本书以新颖的版式设计、图文并茂的编排形式和流畅有趣的语言叙述，全方位、多角度地探究了多领域的生物，使青少年体验到不一样的阅读感受和揭秘快感，为青少年展示出更广阔的认知视野和想象空间，满足其探求真相的好奇心，使其在获得宝贵知识的同时享受到愉悦的精神体验。

生命正是经过不断演化、繁衍、灭绝与复苏的循环，才形成了今天这样千姿百态、繁花似锦的生物界。人的生命和大自然息息相关，就让我们随着这套书走进多姿多彩的大自然，了解各种生物的奥秘，从而踏上探索生物的旅程吧！

目 录 CONTENTS

第一章
食肉植物

食肉植物能借助特别的结构捕捉昆虫或其他小动物，并靠消化酶、细菌或两者的共同作用将猎物分解，然后吸收其养分。已知食肉植物约有400种。这类植物多为绿色植物。

食肉植物能将捕获的动物分解，这个过程类似动物的消化过程。分解的最终产物是氮的化合物及盐类等能被植物吸收的物质。食肉植物多数能进行光合作用，消化动物蛋白质，适应极端的环境。

昆虫杀手

食肉植物，又称食虫植物。

食肉植物的诱捕机制多为叶的变态。半数以上的种属于玄参目狸藻科，其特点是花两侧对称，花瓣融合。

有的食肉植物属猪笼草目，包括茅膏菜科、猪笼草科等。瓶子草目的瓶子草科也是食肉植物，花辐射对称，离瓣。猪笼草科及瓶子草科植物总称瓶子草类，捕虫叶瓶状。茅膏菜科植物的捕虫装置能活动。茅膏菜科含貉藻属、捕蝇草属、茅膏菜属和腺叶菜属，约100余种。茅膏菜属最大，几乎遍及世界各地。貉藻是漂浮的水生植物，有时栽培于水族馆。捕蝇草属仅捕蝇草1种，捕虫反应迅速。腺叶菜属只有腺叶菜1种，产于欧洲伊比利亚半岛西南尽头的葡萄牙。瓶子草科分布于新大陆，瓶子草属原产于北美及南美东部，有15种，其中8种已被广泛研究。猪笼草科的

猪笼草属约70种，原产旧大陆。澳大利亚西南部的澳大利亚瓶子草形似虎耳草，捕虫叶似小型瓶子草，属虎耳草目澳大利亚瓶子草科。狸藻科含5属250多种，多属狸藻属。生于古巴和南美的橄榄狸藻属有2种，产于澳大利亚的四萼狸藻亚属有2种，均与狸藻相似，也是利用高度特化的气囊捕捉小动物。螺旋狸藻属有15种，为热带微小的水生植物，有捕虫的瓶状结构。捕虫堇属有45种，叶形如捕蝇纸，有黏性，用以捕虫。

无论水生、陆生或两生，食肉植物均有相似的生态特点。瓶子草属、茅膏菜属及捕虫堇属等2~3属的种常生活在同一地点。大部分食肉植物生长在潮湿荒地，酸沼、树沼、泥岸等水分丰富而土壤呈酸性、氮素缺乏的环境，只有腺叶菜生于葡萄牙和摩洛哥的干燥乱石山丘上。大部分食肉植物是多年生草本，高不超过30厘米，一般10~15厘米，但既在同一属内，高度差异亦大，猪笼草属有些种为大灌木状藤本。茅膏菜属高者达90厘米以上，最小者常隐藏在水藓沼泽的地衣中。

身挂“瓶子”的猪笼草

当你到海南岛五指山上采集植物或游览时，就会在深山老林的小溪旁发现一种奇怪的植物——猪笼草。

猪笼草是猪笼草属全体物种的总称。其属于热带食虫植物，原产地主要为旧大陆热带地区。猪笼草拥有一个独特的吸取营养的器官——捕虫笼。捕虫笼呈圆筒形，下半部稍膨大，笼口上具有盖子。因为形状像猪笼，故称猪笼草。

在中国海南，其又被称作雷公壶，意指它像酒壶。猪笼草因原

生地土壤贫瘠，通过捕捉昆虫等小动物来补充营养，所以是食虫植物中的一员。

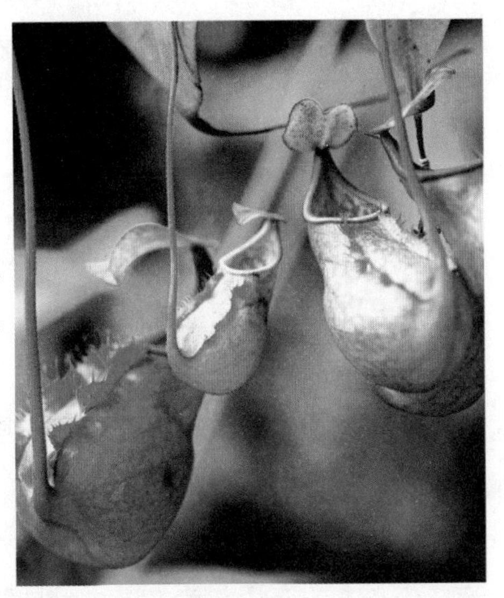

猪笼草生长多年后才会开花，花一般为总状花序，少数为圆锥花序，雌雄异株，花小而平淡，白天味道淡，略香；晚上味道浓烈，转臭。果为蒴果，成熟时开裂散出种子。

美丽的陷阱——捕虫笼

猪笼草最奇特的捕虫器官就是捕虫笼。猪笼草的捕虫笼发育自笼蔓的末端。当一片新的叶片生长出来时，在笼蔓的末端便已带有一个捕虫笼的雏形。在初期，这个雏形的表面覆有一层毛被，在成长的过程中会逐渐脱落。捕虫笼的雏形一开始是黄褐色，扁平的，长到1～2厘米时，渐渐转为绿色或红色，并开始膨胀。在笼盖打开前，捕虫笼上就已出现其特有的颜色、花纹和斑点。笼盖打开后，笼口处的唇会继续发育，变宽变大，

并会向外或向内翻卷。同时唇开始呈现色彩，某些瓶子的唇上会带有不同颜色的条纹。此时的捕虫笼已成熟，约几天后即可观察到有昆虫落入其中。

猪笼草的每一张叶片都只能产生一个捕虫笼，若捕虫笼衰老枯萎了或是因故损坏了，原来的叶片并不会再长出新的捕虫笼，只有新的叶片才会长出捕虫笼。

猪笼草的捕虫笼由笼身、笼盖组成。笼身具有笼口、唇、翼、消化腺、蜡质区等结构，笼盖具有蜜腺、盖龙骨等结构。此外，部分猪笼草的捕虫笼还具有附属物。笼蔓尾出现于笼身与笼盖的衔接处。同时，同一种猪笼草会长出两种不同形态的捕虫笼。为此常会造成分类上的麻烦，使人误以为是两种不同的猪笼草。

在东南亚地区，当地人会将苹果猪笼草的捕虫笼作为容器烹调“猪笼草饭”。人们将米、肉等食材塞入捕虫笼中进锅蒸熟。“猪笼草饭”的做法类似粽子，是一种当地特色食品，很具有东南亚风味。

猪笼草的捕食

猪笼草的笼盖表面有蜜腺能分泌蜜汁引诱昆虫，昆虫进入捕虫笼后，笼盖并不像人们想象的那样合上。由于捕虫笼内壁的蜡质区很光滑，所以能防止昆虫爬出。捕虫笼下半部的内壁稍厚，并有很多消化腺，这些腺体分泌出稍带黏性的消化液储存在捕虫笼中。消化液呈酸性，具有消化昆虫的能力。掉进笼内的昆虫多数是蚂蚁，也有一些会飞的昆虫，如野蝇和蚊等。

笼中经常有半笼消化液，若因下雨而使其过多时，笼蔓会因无法承受重量而自动倾斜倒去一部分。如果捕虫笼盛满消化液，昆虫掉入后就容易逃出。

捕虫笼的两种形态

除了风铃猪笼草之外，大部分猪笼草会产生两种形态的捕虫笼。这种差异有时会非常巨大，如莱佛士猪笼草的上位笼和下位笼。靠

近地表的节间距未增大的茎会产生下位笼，而上部节间距已增大的茎会产生上位笼。

下位笼外形较胖、较圆且较大。上位笼则较长、较细，偏向于漏斗状。大部分猪笼草的上位笼的颜色都比其下位笼浅，且花纹少。下位笼和上位笼的显著差异是为了吸引和捕食不同类型的昆虫而准备的。如果有些笼子的形态处于下位笼和上位笼的中间型，则称之为中位笼。

★ 笼身

有些猪笼草的笼子可高达50厘米，宽达25厘米，大小相当于一个10升的家用水桶。笼身可为绿色、橙色、红色等颜色，部分会具有块状或带状的斑点，颜色有褐色、紫色、黑色、白色等。这些斑点在某些猪笼草身上有特别的作用。如马兜铃猪笼草和克洛斯猪笼草的上位笼具有白斑，使得阳光可以照入捕虫笼内。从捕虫笼的内部看，唇和笼盖的部分显得很黑暗，而笼身上的白斑显得很明亮，飞虫在捕虫笼中就会误以为白斑处是出口而被困在捕虫笼内，最终筋疲力尽落入消化液中。

★ 笼盖

笼口的上部长有笼盖，可防止雨水进入笼中降低酸性液体的浓度，并可阻挡上部射入的光线，以迷惑落入笼中的昆虫使其找不到出口。也有个别的猪笼草的笼盖较特殊。如苹果猪笼草，其笼盖窄长并外翻，使之能够收集来自上方的落叶。很多人以为昆虫落入捕虫笼后笼盖会关闭，实际上猪笼草并不会如此。猪笼草的笼盖与笼身的连接是固定的、不可活动的。所以在有昆虫落入捕虫笼后，猪笼草不会出现如此迅速的应激反应。这类反应只出现在已知的捕蝇草、茅膏菜和狸藻上。

★ 笼口

猪笼草的笼口为捕虫笼的开口。笼口可分为平行笼口和倾斜笼口两种。具有平行笼口的猪笼草当捕虫笼发育完全后，其笼口恰好与地面水平；而具有倾斜笼口的猪笼草当捕虫笼发育完全后，其笼口倾斜。但马兜铃猪笼草的上位笼较特殊，其笼口几乎是与

地面垂直的。

★ 唇

唇是笼口处的特异结构，在捕虫笼的笼盖打开后才逐渐发育成熟。唇常常是整个捕虫笼中最艳丽的部分，为红色、紫色、黄色等，有些会带有黄色、红色的横条纹。唇还会分泌蜜液，使得它相当的湿滑。它的形状和颜色类似花朵，且还具有蜜液，因此它成为吸引昆虫的重要结构之一。

捕虫笼的唇外翻或内翻，外缘常为波浪形。在唇上有一条条横向平行的光滑的棱，称之为唇肋，其延伸至唇内缘的末端会成为尖状结构，称之为唇齿。当昆虫滑落时，唇可起到诱导其落入笼中的作用。

大多数猪笼草的唇在靠近笼盖衔接处的一段距离的地方都会突然的向上拉长收缩，形成“⊥”状的结构，称之为唇颈。在唇颈处，左右的唇平行向上，几乎贴合在一起。同时，大部分的唇颈会略微的向前倾斜。

★ 笼翼

在捕虫笼的前部常会有两条平行的笼翼自瓶口向下延伸汇集于笼底，笼翼上还会有许多须状的结构，称之为翼须。笼翼的功能也许是为了方便地面的昆虫爬到笼口处。所以，对于多捕食飞虫的上位笼，它的笼翼通常是退化或缺失的，某些品种的笼翼会退化为一对隆起。

★ 消化腺与蜡质区

在捕虫笼的内壁通常具有消化腺和蜡质区。消化腺存在于捕虫笼内壁的下部。消化腺会分泌消化液，所以捕虫笼中常常存在着液体。这些消化液的作用是淹死落入捕虫笼中的昆虫并消化它。此外，无刺猪笼草、疑惑猪笼草和杏黄猪笼草的消化液很特殊，它们的黏度极高，并会覆盖在捕虫笼的内壁上。这使得捕虫笼既可作为笼状的陷阱捕捉猎物，又可以粘住过往的飞虫。蜡质区存在于捕虫笼内壁的上部。光滑的蜡质区会阻止落

入捕虫笼内的昆虫爬出。

猪笼草的捕虫笼中的消化液常会因移栽而流失或被雨水稀释，但这并不影响植株的健康。在适宜的环境下，猪笼草很快就会产生出新的消化液。因此向无消化液的捕虫笼中加水是没有意义的。

★ 蜜腺

大多数猪笼草笼盖的下面具有大量的蜜腺，它们会分泌出蜜液吸引昆虫觅食。然而这些蜜液有麻醉的作用，会使昆虫因麻痹而落入笼内。此外，劳氏猪笼草的笼盖下面还会分泌出白色的块状物引诱树鼩取食。

★ 引路蜜腺

在叶片两面、茎、捕虫笼上都均匀地分布着引路蜜腺。正如其名，这些蜜腺分泌的蜜液起到了为昆虫带路的作用。昆虫沿着这些蜜腺的引导就会不知不觉地来到笼口，最终落入笼内。

巨型猪笼草

巨型猪笼草，最早是由两名传教士在菲律宾巴拉望中部的维多利亚山顶峰发现的一种新型的猪笼草品种。后被英国植物学家证实，这种植物属于猪笼草的一个新品种，它体形巨大，甚至可以吞噬老鼠大小的猎物。

这种新型猪笼草品种存在的传言最早来自两名基督教传教士。在2000年，这两名传教士尝试着去探测位于菲律宾巴拉望中部的维多利亚山顶峰，随后他们声称发现了一种新型猪笼草品种。

传教士的话引起了自然探险家斯台沃特•麦克弗森、英国植物学家阿拉斯弟尔•罗宾逊和菲律宾植物学家沃克尔•赫瑞奇的兴趣。这三人都是猪笼草研究专家，曾为寻找猪笼草品种探访过许多偏远之地。在三名当地向导的带领下，三人于2007年动身，开始了两个月的旨在

找寻新奇植物品种的维多利亚山探险之旅。在维多利亚山脉的低地森林中，三人发现了大片科学家此前未曾发现的猪笼草品种“Nepenthes philippinensis”。

猪笼草是食肉植物。科学界公认食肉植物大约经过了6个独立阶段的进化，并演变出许多品种，比如有的食肉植物有带有黏液的叶片，而另外一些则会卷起叶片包裹猎物。在发现这种新型猪笼草后，探险小队在位于巴拉望州立大学的植物标本室里给它做了标本，并以英国著名播音员和自然历史学家大卫·安藤博罗夫的名字为其命名。猪笼草通常不是群居植物，麦克弗森希望能在维多利亚山更加偏僻、更难以攀登的地方再次发现新型猪笼草。

在探险过程中，他们还发现了“Nepenthes deaniana”，一种人类早就认识却在100年的时间里没有在野生植物世界再次发现的猪笼草品种。

生有夹子的捕蝇草

捕蝇草属于维管植物的一种，是很受人们欢迎的食虫植物，拥有完整的根、茎、叶、花朵和种子。它的叶片是最主要并且明显拥有捕食昆虫功能的部位，外观有明显的刺毛和红色的无柄腺部位，样貌好似张牙利爪的血盆大口。捕蝇草被誉为自然界的肉食植物。捕蝇草的盆栽可适用于向阳窗台和阳台观赏，也可专做栽植槽培养。

捕蝇草原产于北美洲，是一种多年生草本植物。因为叶片边缘会有规则状的刺毛，那种感觉就像维纳斯的睫毛一般，所以英文名称为“Venus Flytrap”，意思是“维纳斯的捕蝇陷阱”。中文、日文中捕蝇草还有“苍蝇的地狱”这个别名。其主要特征就是能够很迅速的关闭叶片捕食昆虫，这是一种和其远亲猪笼草一样的食肉植物。茅膏菜科捕

蝇草属中仅此一种。

酷酷的外形

捕蝇草是一种非常有趣的食虫植物，它的茎很短，在叶的顶端长有一个酷似“贝壳”的捕虫夹，且能分泌蜜汁，当有小虫闯入时，能以极快的速度将其夹住，并消化吸收。捕蝇草独特的捕虫本领与酷酷的外形，使它成为深受人们宠爱的食虫植物！

捕蝇草的原生地是湿地上的草原，而且该地区土壤的土质多为泥炭以及硅砂。其水源以雨水为主，由于雨水经过大气与二氧化碳融合落到大地，造成酸性的环境，其酸碱值为pH5~pH6左右。由此可以得知，捕蝇草偏好在水分充足、以酸性环境为介质的地方生长。

酸性的土质加上气温偏低，使得分解有机物的细菌生长发生阻碍。而有机物在不被分解的情况之下，造成水苔等植物的残骸因无

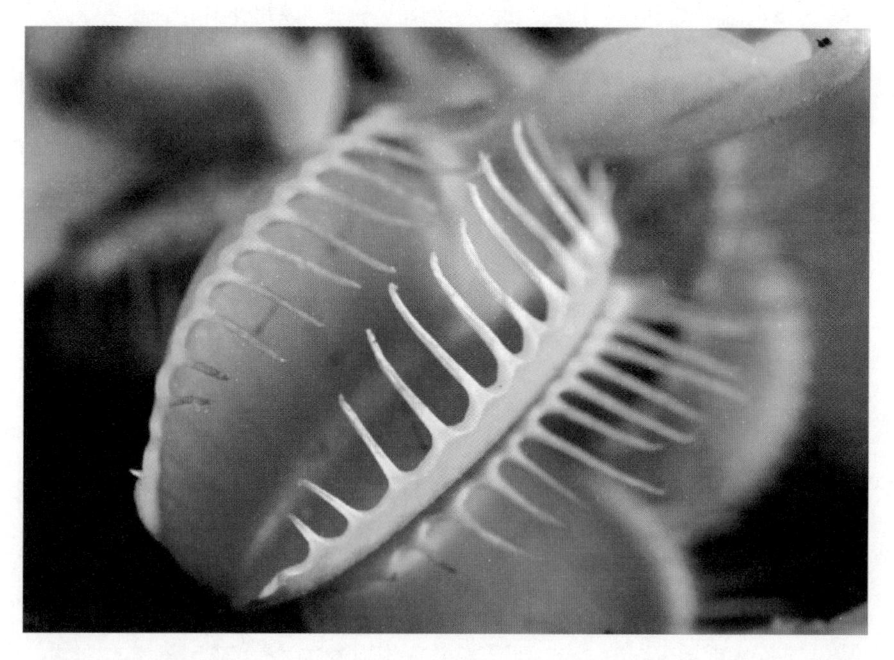

法完全分解而腐败，这些腐败的有机物就会变成泥炭，养分非常缺乏。加上经年被雨水冲刷，微量元素也几乎都流失。捕蝇草的原生地是除了生长中必需的营养要素氮与磷酸不足以外，连微量元素也都非常不足的贫瘠之地。

独特的捕虫本领

捕蝇草的捕虫过程大概是所有食虫植物之中最为奇特、捕虫机制最为复杂的。捕蝇草的捕食构造是由一左一右对称的叶片所形成的夹子，这个夹子状的构造是由叶片的特殊形状形成的，连接捕虫器叶片状的构造是叶柄。捕虫夹上的外缘排列着刺状的毛，乍看之下很锐利，会刺人，其实这些毛很软。这些毛的功能是用来防止被捕的昆虫逃脱。当捕虫夹夹到昆虫时，夹子两端的毛正好交错而成为一个牢笼，使虫子无法逃走。捕虫夹内侧呈现红色，仔细观察会发现上面覆盖许多微小的红点，这些红点就是捕蝇草的消化腺体。在捕虫夹内侧可见到三对细毛，这细毛便是捕蝇草的感觉毛，用来侦测昆虫是否走到适合捕捉的位置。大多数的捕虫器带有五对感觉毛，但却可能产生多出一根到数根感觉毛的捕虫器。

食虫植物的习性大致分为以下四步骤:

引诱昆虫→捕捉昆虫→利用消化液分解与吸收→利用吸收到的养分维持生长。

不过并不是所有的食肉植物都经过如此完整的过程，例如有些同类型的植物并不分泌消化液，而是借由各种微生物来分解，然后吸取养分。捕蝇草是属于比较高等、具备相当完整过程的食肉植物。

捕蝇草的叶缘部分含有蜜腺，会分泌出蜜汁来引诱昆虫靠近。当昆虫进入叶面部分时，碰触到属于感应器官的感觉毛两次，两瓣的叶片就会很迅速地合起来。生长于叶缘上的刺毛是属于多细胞突出物，没有弯曲的功能。当叶子很快速的闭合将昆虫夹住时，刺毛就会紧紧相扣的交互咬合，防止昆虫逃脱。

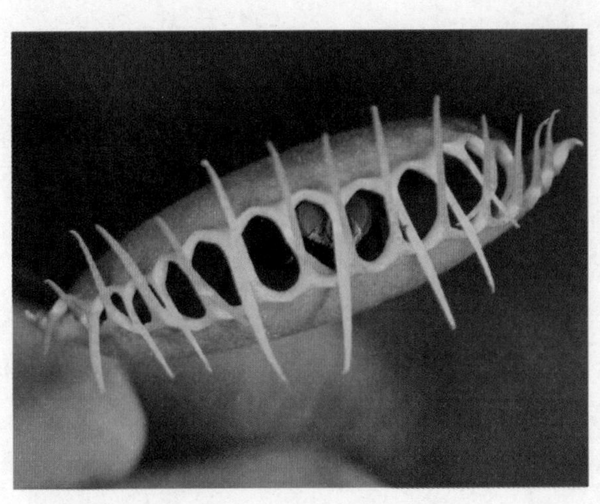

捕蝇草捕虫的讯号并非直接由感觉毛所提供。在感觉毛的基部有一个膨大的部位，里面含有一群感觉细胞。感觉毛的作

用犹如杠杆，昆虫推动了感觉毛，使感觉毛压迫感觉细胞，感觉细胞便会发出一股微弱的电流，去通告捕虫器上所有的细胞。由于电流会四散流向整个捕虫夹，所以引发闭合。当然，感觉毛所发出的电流仅影响其所在的捕虫夹，不会干扰到同一植株上其他捕虫夹的运作。

在受到刺激之前，捕虫夹呈60° 张开着，当受到昆虫刺激时，捕虫夹以其叶脉为轴而闭合。捕虫夹的闭合与捕虫夹上的细胞收缩有关。当捕虫夹上的细胞得到感觉细胞所发出的电流，其内侧的细胞液泡便快速失水收缩，使得捕虫器向内弯，因而闭合。

捕虫夹的闭合是一个精确的控制过程。此过程最初是在昆虫碰到位于夹子上的感觉毛时开始的。引起闭合的条件为一个捕虫器中，任意一根感觉毛被触碰到两次，或是分别触碰到两根感觉毛。触碰感觉毛的时间间隔对于闭合有决定性的影响：假如两次的触碰间隔在20~30秒则能闭合，超过这段时间则需要有第三次成功的刺激才会闭合。捕虫器需要两次刺激，是为了确认昆虫已经走到适当的位置。当捕虫器受到第一次刺激时，此时昆虫只是稍微走入捕虫器；若捕虫器就闭合起来，只不过夹住昆虫的一部分，那么昆虫能够逃脱的机会便很大。当捕虫器受到第二次刺激时，此时昆虫差不多已走到捕虫器的里面，这时闭起的捕虫器便能将昆虫抓住，关在捕虫器之中。

闭合的过程分为两个阶段。第一阶段，夹子快速关闭，以便捕捉到昆虫，此时捕虫夹只是夹住昆虫而已；第二阶段，捕虫夹向内收缩，以便使捕虫夹的内侧能够尽量贴近昆虫，这时，捕虫器已经完全紧闭，不留一点缝隙。之后，夹子关闭数天，此时昆虫被分布于捕虫器上的腺体所分泌的消化液消化。昆虫被消化完后，捕虫器会再度打开，等待下一个猎物；剩下无法被消化掉的昆虫外壳，便被雨水带走。第二阶段要有昆虫的挣扎才能进行，因为这样才代表捕虫器所捉到的确实是昆虫，是活的猎物。捕蝇草有时会误捉到枯枝、落叶，如果少了这项确认机制，必然会将养分浪费在消化无法消化掉的杂物上。若捕虫器误捉到杂物，只要没有持续的刺激，在数小时之后它便会重新打开捕虫器，等待下一个猎物。

当昆虫被两瓣叶片给夹住后就无法挣脱，而且昆虫越挣扎叶片会越夹越紧，直到几乎密闭的状态，这时两片叶瓣内侧密集的内腺体会分泌出消化液。利用这些消化液中含有的蛋白酶，将昆虫的蛋白质分解成为氮、氧、碳、氢等，还可能包括其他元素构成的氨基酸，然后自己进行吸收。捕蝇草的消化过程一般会用四天左右分解完成并吸收较易消化的部分，之后再继续吸收剩余的氮、磷以及其他微量元素。这些养分都吸收完毕之后，它的叶瓣就会再度打开，全部过程耗时5～10天，这时昆虫只剩下残骸。

不过捕蝇草无法分辨出所捕获之物的大小，有时可能捕获到与叶片大小差不多的猎物，例如小型青蛙或是长脚蜂之类。这时往往

会出现来不及分解吸收捕获物，而捕获物就先腐败的情况，这时叶片就会像食物中毒一般枯萎。另外，每个叶片可以捕捉12～18次，消化3～4次，超过这个次数叶子就会失去捕虫能力，渐渐枯萎。

奇异的捕虫夹

当昆虫第一次接触到捕蝇草的感觉毛时，它的叶片并不会有什么动作，但是，如果连续刺激两次，那叶片就会在大约0．5秒以内马上合起来。如果第二次碰触的时间与第一次碰触时间相差超过约20秒时，叶片会出现半合闭状态或是没反应的现象。如果在这时马上再刺激第三次，那叶片也会迅速地合起来。

经过实验调查，捕蝇草的感觉毛就像是一个感应装置，经过连续两次碰触的刺激时，叶的基部会产生大约100毫伏的活动电流到叶子表面上，造成叶片内侧的水分迅速流失，使得内外压力不等而导致叶片闭合。这样的捕虫机制是一组相当精密的结构搭配，而且刺激感觉毛就像是设定了定时装置一样，等到第二次确认才会闭合，最主要是为了提升捕虫的准确性，否则的话，如雨滴、动物经过时产生的干扰均会降低并影响其捕虫的效率。

经由植物研究者确认，捕蝇草会发出活动电流这样有机制的机关，就像动物的神经组织会产生传输信息一般。不过因为这必须连续碰触两次才会产生，也就是说应该还有个可以记忆的组织，至今植物研究者依然不清楚这样的记忆是如何在捕蝇草中运作的，这是一个未解之谜。

美国研究人员利用灵敏的压电传感器测出捕蝇草的叶片在被触

发关闭时瞬间，其力量大小平均为149毫牛，压力大约为41千帕。而在被捕获的昆虫挣脱的过程中，其叶片产生的力量最大可达450毫牛，压力达90千帕。这样的力量和压力下，一般的小昆虫很难有机会逃出。不过人工种植的捕蝇草品种要略低于这个数值。

在水中设陷阱的狸藻

“吃虫”的植物，不仅陆地上有，水里也有，狸藻便是其中的一种。

狸藻属约有218种，世界大部分地区都有分布，是全球分布最广、品种最多的食虫植物。狸藻属按其生态习性可分为陆生种群、水生种群和附生种群三大类，陆生种群约占总数的80%，水生种群约占15%，其他为附生种群。狸藻我国约有17种，全国各省均可见到。在北京颐和园的池塘里也可以找到它的踪迹，多数生长在水中，也有的生长在低湿积水的草甸上。

有趣的形态

狸藻为多年生草本植物（少数为一年生），可生于池塘、沟渠、湿地、热带雨林的树干等位置。狸藻具有长长的匍匐茎枝，无根，叶轮生或者单叶生于匍匐枝上，水生种群叶成丝状，多有分叉，捕虫囊生于匍匐枝或者叶的基部。花茎细长，总状花序或一花顶生，花冠二唇形，基部多有距。蒴果球形，成熟时开裂散出细小的种子。

本属植物的形态是很有趣的，人们如果用根、茎、叶的区别方法对其进行描述是不适用的。在水生种类中，其叶细裂如丝，无根。花着生于短枝上，突出水面，此外，在主轴上亦有短枝生向水面，短枝有很小的叶。在沉水叶上有很多的小囊状体，口部有膜瓣，这就是它的捕虫囊。此捕虫囊的构造使水生小动物能进不能出，倘若它们游进捕虫囊，就会被囊内组织所分泌的一种酶类消化。陆生种类则有特殊的纤匐枝伸展于青苔内或土层里。

构造奇特的捕虫囊

狸藻生长在水里，因为它没有根，所以能随水漂流。它的叶子分裂成丝状，在植物体下部的丝状裂片基部生长着捕虫囊。

捕虫囊呈扁圆形，长约3毫米，宽约1毫米。在囊的上端侧面有一个小口，小口周围有一圈触毛。口部的内侧有一个方形的活瓣，能向内张开，活瓣的外侧有四根触毛。捕虫囊的内壁上有星状腺毛，腺毛能分泌消化液。

一棵狸藻上长有上千个捕虫囊。每一个捕虫囊就是水中的一个小陷阱。在有狸藻分布的水里，到处都是小陷阱，因而形成一个陷阱网。

当水蚤、孑孓（蚊子的幼虫）等小生物为寻找庇护或者是被捕虫囊分泌的蜜汁所吸引来到捕虫囊口，感应毛一旦被碰触，原本半瘪的捕虫囊迅速鼓起，形成一股强大的吸力，同时膜瓣打开，将囊口的水流连同猎物一起吸入囊中，并迅速关上膜瓣，整个过程只需约百分之一秒。

当小动物进入囊后，捕虫囊内壁上的星状腺毛，分泌出消化液，把虫体消化分解，一般只需要几个小时至数天。猎物被消化，营养被捕虫囊壁吸收，多余的水分被排出，捕虫囊又恢复原状等待下一个猎物。两次捕猎过程最快时只需间隔15分钟，多次捕猎后剩下的残渣会在捕虫囊内积累，使其颜色逐渐变暗，最终腐烂脱落。狸藻就是这样靠自己“吞食”动物的本领来养活自身的。

形形色色的狸藻

狸藻是具有可活动囊状捕虫结构的小型食虫植物，能将小生物吸入囊中，并消化吸收。狸藻品种众多，形态各异，一般都成片生长在湿地、池塘，以及热带雨林长满苔藓的树干上，多数有漫长的花期，会开出成片可爱的小花。

在南美洲的森林里，有一种生长在朽枝落叶上的陆生狸藻，它的样子很古怪，植株中部膨大，看上去活像个马铃薯，这是它贮藏食物的地方。有趣的是，它的叶片和叶柄是绿色的，而从膨大处长出的一些茎却是无色的。不过，无色茎上都带有小囊体，这些小囊

体即是这种狸藻的“捕虫器”，能够捕捉周围肉眼看不见的小生物。

此外，还有一些陆生狸藻长在活的苔藓植物上，不过它们不是寄生，而是附生。也就是说，这些陆生狸藻并不依靠苔藓植物提供食物，它们自己可以捕食悬浮在空气中的小生物，苔藓植物所提供的只是栖息场所。

更为有趣的是，最近科学家对狸藻进行无菌培养试验发现，它只有在消化昆虫取得养料后才能开花结实。由此可见，食虫已成为狸藻生活中不可缺少的一环。

★ 小白兔狸藻

小白兔狸藻又称桑德森狸藻，为狸藻属多年生小型食虫植物。桑德森狸藻为南非特有种，分布自北夸祖鲁——纳塔尔省到特兰斯凯之间。其常生于潮湿的岩石表面，海拔分布范围为210~1200米。1865年，丹尼尔·奥利弗最先发表了桑德森狸藻的描述。这是一个非常独特的物种，而且已人工繁殖成功，极易繁殖。

小白兔狸藻是最受欢迎的陆生狸藻之一，因花形酷似一只可爱的小白兔而得名。其只要环境适宜就会开出成片的小花，且开花不断！

★ 大肾叶狸藻

大肾叶狸藻为大

型的多年生陆生狸藻属食肉植物，巴西特有种。最初描述是由奥古斯丁·圣·蒂莱尔于1830年发表。本种生长在湿草地，而且有时候会以着生植物的形态在某些凤梨科植物的充满雨水的叶腋内生长。本种植物在巴西南部的典型范围可见于海拔750～1900米，而北部的分布可上升至2500米。花期从10月到翌年3月。

★ 丝叶狸藻

丝叶狸藻为狸藻科狸藻属小型、缠绕成团的多年生漂浮水生食肉植物。本种具有辽阔的地理分布区，天然存在于美国（除了阿拉斯加州与洛矶山脉之外的所有州）、加拿大、中南美洲、西班牙、以色列、大部分的非洲地区、大部分的亚洲地区（包括中国与日本）、新几内亚、澳洲与塔斯马尼亚以及新西兰的北岛。种名是拉丁文“小丘或肿块”的意思，这是以花冠低瓣为基础的夸张描述。其植物体呈细丝状分裂，无根，开黄色花。

外表艳丽的捕虫堇

捕虫堇是著名的食虫植物，由于其外形很像堇，所以人们叫它捕虫堇。其实，它并不是堇类，而是与狸藻有着亲缘关系，在分类上是狸藻科捕虫堇属的一种植物。

美丽的杀手

捕虫堇是种沼泽植物，以捕捉昆虫为食。普通的捕虫堇又叫紫花捕虫堇，可长到15厘米高。在它的底部长有玫瑰花型或成簇的椭圆形叶子，约5厘米长。

叶子上层分泌黏性的消化液。当昆虫被粘住以后，叶子边缘卷起来，昆虫就会被消化。捕虫堇开有一朵紫色的花，13毫米长，开在主茎上。

捕虫堇属植物是较著名的食虫植物之一，为狸藻科。捕虫堇属植物约有46种，分布于北温带。中国有高山捕虫堇、普通捕虫堇2种，产于中国西南部和中部地区。

会包裹的叶子

捕虫堇的艳丽花朵，易于招引昆虫，当飞来的昆虫落到叶片上时，就会被黏液粘住。

当然被粘住的昆虫不甘心束手就擒，它会拼命地挣扎，于是叶缘便向内卷曲，把它包裹在里面使它无法逃脱。这样，昆虫就落入了捕虫堇的魔掌。

当捕虫堇捕捉到猎物时，叶片上的无柄腺体就分泌出消化液对猎物进行消化。

消化液分泌的多少，不仅与时间有关，而且还与捕捉到的昆虫大小有关。如果捕捉到的昆虫较大，分泌出的消化液就较多。如果捕捉到的昆虫较小，分泌出的消化液也就较少。不仅如此，若分泌出的消化液用不完，还可以回收进去，所以说捕虫堇拥有一个初级的消化循环系统。

在捕虫堇的叶片正面，密布着两种腺体，一种是带短柄的腺体，它能分泌黏液粘捕昆虫；另一种是无柄的腺体，它专门分泌消化液，将捕获的昆虫消化吸收。当有蚂蚁、蚊子等小昆虫来到叶片上时，会被粘在上面，在短短几分钟时间内，无柄的腺体就开始分泌消化液。消化液除了帮助分解猎物以外，还具有杀菌的作用，防止在消化的过程中猎物发生腐败。如果粘住的昆虫较大，会刺激大量的消化液分泌，将猎物泡在消化液中。有些捕虫堇品种叶片的边缘会稍稍向内卷起来，以便更好地与猎物接触，防止猎物逃脱并促进消化吸收，但叶片的运动速度相当的缓慢，往往需要几个小时。

有趣的是，捕虫堇有时还会出现消化不良现象：当它捕到一个大的猎物时，叶片就分泌出大量的消化液，用不完的消化液便顺着

叶片流淌下来，有时甚至会不断地流淌几个小时。由于消化液的大量流失而又得不到回收，捕虫堇的消化能力便会下降，消化循环系统遭到破坏，使得其叶片腐烂并脱落。

对捕虫堇捕食的研究

更为奇妙的是，捕虫堇的叶片能够分辨出猎物的真假。英国著名生物学家达尔文曾做过一个有趣的实验：他将沙粒放到捕虫堇的叶片上，叶片并不把沙粒卷裹起来，也不分泌消化液；但当他把少量鸡蛋汁或肉末放到捕虫堇叶片上时，叶片便卷起并分泌消化液。由此可见，使食虫植物分泌消化液的刺激，不是物理刺激，而是化学刺激。这是捕虫堇卷叶捕虫与含羞草受到碰触而合起叶片的根本区别。

科学家还对捕虫堇的消化产物在体内的运行情况进行了追踪研究。他们用放射性同位素碳14标记海藻蛋白，然后用来喂养捕虫堇；再用放射自显影技术发现，蛋白质分解成氨基酸和肽后，在23小时内吸收到叶子里，再经过12小时，便输送到根部和生长点。

研究捕虫堇不仅十分有趣，而且对人类大有益处。首先，捕虫堇可以帮助人们捕捉害虫。捕虫堇的叶片虽然很小，但据观察，一棵捕虫堇大约每5天就可长出一片新叶，一个月内长出的捉虫叶总面积可达近140平方厘米，所以捕虫数量是相当可观的。其次，捕虫堇的叶片可以食用。瑞士、丹麦等北欧国家用它做奶酪已有好几个世纪的历史。

墨兰捕虫堇

墨兰捕虫堇是一种多年生草本的簇生（莲座状）食肉植物，原产于墨西哥与危地马拉。作为捕虫堇的一种，它形状酷似夏季盛开的平坦莲花，肉质叶可达10厘米长，覆盖着黏质的腺毛用以吸引、捕捉以及消化沦为猎物的节肢动物。植株取得生长所需的养分，来自于可将贫营养基质补足的猎物。在冬季，当养分与水分供应不足时，植株会产生簇生而不食肉的小型肉质叶以利于节省能量。在长达25厘米长的直立花梗上，单个粉红、紫红或紫罗兰色的花朵一年可开两次。

墨兰捕虫堇需经历两段不同的生长时期。在夏季生长期间，当雨水与虫子猎物充足时，植株外形由紧贴地面的6~8片倒卵形簇生

叶组成，每叶可达95毫米长。这些叶片是食肉性的，大片区域覆盖着稠密的叶柄黏质腺毛，具有吸引、捕捉以及消化节肢猎物的功能，最常见的捕食物是双翅类昆虫。在10月之后的秋冬季节，当干旱的气候来临时，它便开始产生无腺毛的肉质叶。此举保护植株簇生叶度过冬季休眠，直到翌年5月雨季再次降临。花朵出现2次(自夏季簇生叶开始并再次重回至冬季簇生叶)，单个直立花梗达10~25厘米长，此项特征在墨西哥的种类中罕有。花朵在夏季6月时出现，8月和9月达到高峰，而在10月或11月消失并回到冬季簇生叶。

墨兰捕虫堇的夏季簇生叶片平滑、坚硬，肉质，色彩上的变异从亮黄绿色至褐紫红色。叶片是一般的倒卵形至圆形，长5.5~13厘米，叶柄长1~3.5厘米。

正如同捕虫堇属的所有成员一样，这些叶片覆满黏质腺毛与无柄消化腺体。叶柄腺体是由一些单细胞叶柄上的分泌细胞所组成。这些细胞制造一种遍布叶片表面的露珠形的微滴黏质分泌物。这样的潮湿外观有助于墨兰捕虫堇搜寻或吸引猎物。微滴只分泌出有限的酵素，而且主要是用来诱捕虫子。只要虫子触及，叶柄腺体便从捕虫堇的叶柄基部的特殊储存细胞中释放出更多的黏液。只要虫子挣扎，就会触发更多腺毛，而且还会被包裹在黏液内动弹不得。墨兰捕虫堇会轻微弯曲自身的叶缘，使它产生更多的腺毛去触及与诱捕虫子。一旦猎物自投罗网，叶柄腺体与消化作用便会发生，透过无柄腺释放氮，触发酶开始涌出。这些酵素包含淀粉酶、酯酶、磷酸酶、蛋白酶，以及核糖核酸酶，将虫子的躯体化成液体。这些液体由表皮气孔收回叶片表面，叶片表面仅残留较大体型虫子的甲壳、骨骼。

表皮中的气孔允许这项消化机制引发对植物体的挑战，此后便破坏了保护植株、防止干燥的表皮（蜡质层）。于是，墨兰捕虫堇通常可发现于相对较潮湿的环境。叶柄掠食腺与无柄消化腺的产生代价很高。一项新近的研究发现，这些腺体的密度与环境梯度有关。举例而言，最高的掠食腺密集度仅见于猎物可得性低时。

生有“魔掌”的茅膏菜

茅膏菜是非常精致迷人的小型食虫植物，叶片上长有腺毛，能分泌黏液，外表看起来挂满了露珠，晶莹剔透，能像黏纸一样把昆虫粘住，并消化吸收。

茅膏菜喜欢生长在水边湿地或湿草甸中，茅膏菜属植物有多种颜色，其叶面密布分泌黏液的腺毛，茅膏菜花呈白色或粉红色，总状花序；多年生柔弱小草本，高6～25厘米；根球形；茎直立，纤细，单一或上部分枝。

茅膏菜为根生，叶较小，圆形，花时枯凋；茎生叶互生，有细柄，长约1厘米；叶片弯月形，横径约5毫米，基部呈凹状，边缘及叶面有多数红色、绿色或黄色的细毛，分泌黏液，有时呈露珠状，能捕小虫。

蒴果成熟时开裂，散出细小的种子。

茅膏菜的捕虫器

茅膏菜属植物叶面密布分泌黏液的腺毛，当昆虫停落在叶面时，即被黏液粘住，而腺毛又极敏感，有物触及，便会向内和向下运动，将昆虫紧压于叶面。当昆虫逐渐被腺毛分泌的蛋白质分解酶消化后，腺毛重新张开再次分泌黏液，故能常在叶片上见到昆虫的躯壳。这类植物本身有叶绿素，可以进行光合作用，但根系极不发达，因此靠捕食昆虫来弥补其氮素养分的不足。

茅膏菜的叶面上长着像露珠一样晶莹剔透的腺毛，这就是它们的捕虫器。在腺毛的顶端有一个球状体，时常呈现出鲜艳的色彩，大多为红色，上面布满腺体，能分泌吸引昆虫的蜜汁与黏液的混合物和消化酶，外表就像是嵌有红宝石的水晶，如此精美让人无法想象这就是昆虫的“死亡陷阱”。当受不了诱惑的昆虫来采食时，却发现自己已被粘住，恐慌中竭力的挣扎，结果周围的腺毛一起弯过来，有时叶片也会随之卷起，粘得更牢了。无法逃脱的昆虫被这些腺毛消化吸收。等消化吸收

完全后，叶片和腺毛又重新展开，等待新的猎物。

宽叶茅膏菜

湿地植物不全都生长在水里，有一些是生长在潮湿的岩壁石缝间，这类的湿地植物称为湿生植物。而宽叶茅膏菜便是湿生植物的一种，也是台湾的珍稀食虫植物之一。

宽叶茅膏菜倒卵形的叶长0.6~1.2厘米，宽约0.6厘米，五枚白色花瓣的总状花序，种子黑而细小。日照强弱会影响到植株体色的变化——日照充足时，叶子呈暗红色；日照缺乏时，叶子则呈现青绿色。全株布满腺毛的宽叶茅膏菜，会借着分泌特殊气味的黏液，

吸引蚂蚁等小型昆虫接近，粘捕到的昆虫也成为其光合作用外的营养来源。

宽叶茅膏菜仅分布于新竹莲花寺及嘉义弥陀湿地，因遭受到人为盗采及栖息地的土石掩埋，生存环境备受考验。目前莲花寺食虫植物栖息地正由荒野保护协会严密圈护中，稀有罕见的食虫植物需要更多人来关心爱护。

小毛毡苔

小毛毡苔是台湾产食虫植物中最常见的种类，属于茅膏菜科。它是多年生细小草本，叶片根生，成簇开展，大多呈倒披针状匙形，通常为红褐色。叶缘及叶面均密生腺毛，上半部尤多，可分泌黏液捕捉果蝇、蚊子等小昆虫。夏秋季开粉红色花或白色花，花茎细长，

顶端卷曲，花瓣五枚，蒴果，种子众多。

小毛毡苔别名“石牡丹”“落地金钱”等。全株均可入药，具清热及解毒之效。

小毛毡苔分布于台湾北部及东北部山区，内湖、观音山、七星山等地均有其芳踪，喜欢潮湿的山壁，常与苔藓类混生。亦有人栽培，在花市偶尔可买到，野生个体适合在春季至秋季采集。

用腺毛捕虫的锦地罗

锦地罗是一种食虫植物，它常常生长在草地上或者潮湿的岩面、沙土上。

锦地罗的叶呈莲座状平铺地面。宽匙状的叶，边缘长满腺毛，待昆虫落入，腺毛将虫体包围，带黏性的腺体将昆虫粘住，分泌的液体可分解虫体蛋白质等营养物质，然后由叶面吸收。

锦地罗为草本，不具球茎。叶莲座状密集着生，楔形或倒卵状

匙形，长6～15毫米，绿色或红色至紫红色，上面密布腺毛，下面有柔毛或无毛；无柄或具短柄；托叶膜质，棕色，长约4毫米，5～7深裂。花葶1～3条，夏季从叶腋长出，长6～22厘米，无毛，红色或紫红色，具花2～19朵；苞片戟形，被腺毛；花梗长1～7毫米，被腺毛或无毛；花萼钟形，5深裂，宿存；花瓣5，倒卵形，长约4毫米，白色或红色。蒴果近球形；种子众多，棕黑色，具脉纹。

锦地罗分布于我国东南、西南部各省、自治区。亚洲、非洲、大洋洲热带和亚热带地区均有锦地罗分布。

靠虫子补充营养

锦地罗是双子叶植物纲茅膏菜科的一种小草，它分布在我国浙江、福建、广东、广西、云南等南方山区。它的生长环境有很多特点。中国南方地区的山坡上不断有水渗入土壤中流下来，这里光照和水分都很充足，植物在这里生长可以得到充分的光照和水分，可是土壤却非常瘠薄，尤其是缺乏氮素营养，因此，锦地罗只有通过捕食一些小虫子才能补充营养元素，才能更好地生长和繁殖！

药用价值

干燥的锦地罗全草，叶片呈倒卵状匙形，黄褐色，边缘密生红色腺毛，托叶流苏状。全部叶片重叠挤压，呈铜钱状或形状不规则的扁块，直径约15～24毫米，厚约5～8毫米不等。底部棕褐色，有残存黑褐色、线形的根；边缘红色、毡状，摸之疏松；顶面枯黄色，中央残存1～3条花茎的基部；花茎纤细，黄褐色，很少带有花朵。以大朵、色红、抖净沙土者为佳。锦地罗具有清热利湿、凉血止痢的功效。用于治疗湿热腹痛、痢疾、小儿疳积，常用量10～20克。

昆虫陷阱瓶子草

瓶子草属于瓶子草科瓶子草属植物，原产西欧、北美洲等地。它们的筒状叶内能分泌消化液，与其贮藏的雨水相混合可促使陷入筒内的昆虫溃烂。也就是说，它们是用叶子来捕捉和消化蚂蚁、黄蜂等昆虫的。

新颖的食虫植物

瓶子草是一种体形较大，气质高雅的食虫植物，叶子瓶状直立或侧卧，大多颜色鲜艳，有绚丽的斑点或网纹，形态和猪笼草的笼子相似，能分泌蜜汁和消化液，受蜜汁引诱的昆虫失足掉落瓶中，瓶内

的消化液会把昆虫消化吸收！

瓶子草科食虫植物包括瓶子草属、眼镜蛇瓶子草属和南美瓶子草属。

其中瓶子草属11种，眼镜蛇瓶子草属1种，仅分布于美洲大陆的南美瓶子草属13种。

瓶子草属于瓶子草科瓶子草属植物，本属植物原产北美洲等地，种类不多，但通过园艺学家的努力，已先后培育出许多杂交种。

目前在市场上作为商品流行的品种主要为紫花瓶子草，其他观赏种类还有白叶瓶子草、黄花瓶子草、大瓶子草等。

瓶子草属植物喜生沼泽地，为多年生草本。具根状茎。

叶呈瓶子状并带有顶盖，基生成莲座状叶丛，每一张瓶状叶就是一个捕虫器。

瓶子草的花茎从叶基部抽出，花较大，且很有特点，花蕊长有一个巨大的盔状柱头，花黄绿色或深红色，具有很高的观赏价值。果为蒴果，内含较多细小的种子，成熟后开裂弹出种子。

危险的毒液

采用陷阱作为捕虫器的食虫植物，通常用蜜汁来吸引昆虫。在猪笼草和瓶子草的捕虫器上，其瓶口附近便有许多蜜腺，能分泌出含有果糖的汁液。然而这个汁液并不是美食，而是危险的毒液！这些用来引诱昆虫的汁液，除了果糖之外，还含有名为coniine的物质，用以杀死昆虫。当昆虫食用了这种毒液，便会神志不清，或是麻痹、死亡，因此猪笼草和瓶子草才容易捕到那么多昆虫。不过，猪笼草似乎比较仁慈一些，蜜汁的毒性较低，因此前来取食的蚂蚁大多能安然地回到巢中，只有最不小心或中毒过深的蚂蚁才会掉入笼中。相比较之下，瓶子草就危险多了。其蜜汁通常是致命的毒液，昆虫会因中毒致死而落入瓶内。

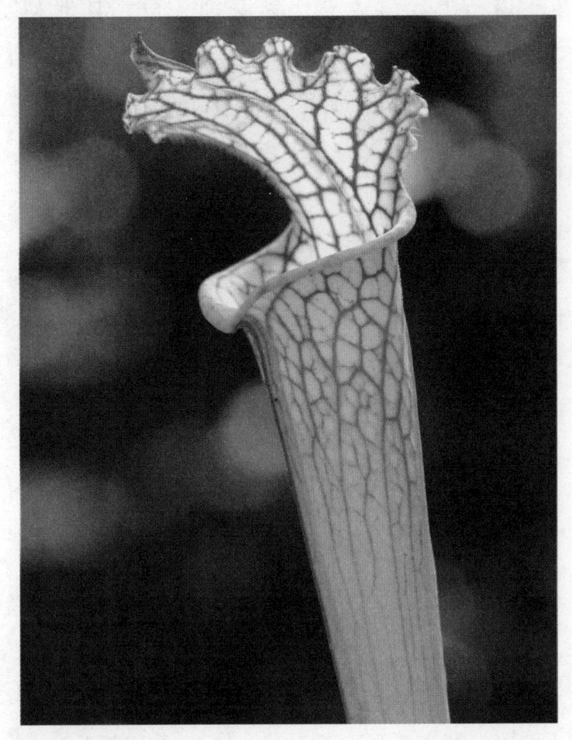

瓶子草的瓶状叶是很有效的昆虫陷阱，外表色彩鲜艳，光滑的瓶口处能分泌蜜汁，靠瓶盖一侧长有许多

向下的刺毛延伸至整个瓶盖内侧。那些刺毛使昆虫误以为能够攀爬，实际却很容易跌落。瓶内有瓶壁分泌的消化液，但时常被雨水冲淡。当贪婪的昆虫被吸引来采食蜜汁时，它们常常为了吃到更多的蜜汁而慢慢靠近瓶口的内侧，一不小心就会跌进瓶内的消化液中。瓶内壁光滑，跌入的昆虫无法爬出，最后溺死并被瓶内的消化液和细菌分解，变为营养后又被瓶壁吸收，最后剩下无法分解的躯壳留于瓶内。

眼镜蛇瓶子草

眼镜蛇瓶子草是瓶子草科的其中一个属，为一种食虫植物，主要分布在美国加利福尼亚州北部与俄勒冈州。

眼镜蛇瓶子草是非常知名的食虫植物品种，因酷似眼镜蛇而得名，是许多玩家收藏的目标。

眼镜蛇瓶子草为丛生多年生草本。其茎常沿地表匍匐分支生长，匍匐茎长20~80厘米。匍匐茎又可发育为独立植株。眼镜蛇瓶子草的根呈棕色，长10~25厘米。

眼镜蛇瓶子草的叶片具两型。叶片呈莲座状分布，每个成年生长点由3~14片叶组成。种苗在2~3年内叶片均为简单的筒状，末端渐尖。幼叶一般长1~3厘米，呈红绿色至红色。之后，眼镜蛇瓶子草的叶片转变为成熟状态。成熟叶片已具捕虫功能，长20~80厘米，中空，其中下部为管状，上部为球状并向前膨大。叶前隆处底部有一个10~20毫米的空洞，为叶片的唯一开口。瓶口边缘内弯，形成类似龙虾笼笼口的形状。瓶口连接着一个二叉的鱼尾状附属物。附属物背侧及瓶口周围存在蜜腺。叶片球状部及管状部上端表面具大量不规则的半透明白色斑纹。叶球状部分内表面无毛，光滑具蜡质。管状部分下三分之一内表面具下向毛，长2~8毫米。

每个眼镜蛇瓶子草的成熟植株在春天只会产生一朵花。萼片为黄绿色，披针形，长3~5厘米。花瓣呈暗红色至紫色，披针形至长圆形，长2~3厘米，无毛，具横向脉。

眼镜蛇瓶子草的鱼尾状附属物背侧会分泌大量糖蜜，并散发出

强烈的气味。黄蜂、苍蝇等昆虫会被这种气味吸引至瓶口。顺着蜜腺爬行的昆虫可能被引入捕虫瓶内，而捕虫瓶内透光的斑纹又会迷惑昆虫，使其将这些斑纹误认为出口而被困在捕虫瓶内。由于捕虫瓶蜡质的顶部有刺毛伸向中下部，昆虫会逐渐落入捕虫瓶基部的消化液内。之后，其尸体被消化，植株即可从中吸收分解出来的营养物。

眼镜蛇瓶子草是美洲的三种瓶子草植物之一。其捕虫瓶并不搜集雨水，而是通过根部吸收水分再分泌于捕虫瓶内。人们曾认为眼镜蛇瓶子草的捕虫瓶不会分泌消化酶，而必须依靠共生菌及原生动物将猎物分解为可吸收的养分。但后来的研究表明，眼镜蛇瓶子草至少能分泌一种蛋白水解酶来消化猎物。捕虫瓶内壁细胞从消化液中吸收养分与根系细胞从土壤中吸收养分是类似的。但眼镜蛇瓶子草与一些动物及微生物之间仍存在着密切的互利互惠关系。

眼镜蛇瓶子草的颜色取决于光照强度，这些性状会随着原生地条件的不同而不同。在5%~20%遮光条件下，其叶片为黄绿色，鱼尾状附属物为红色或紫色，部分植株叶球状部分下部具淡红色网纹。当遮光达25%以上时，其红色纹路消失，叶片及半透明斑点缩小，整体呈纯绿色。当其生长于光照极强的地区时，其半透明斑纹会扩大，特别是叶顶部的斑点。此时，它的叶呈黄色，而鱼尾状附属物和叶球状部分下部的红色则更深。

眼镜蛇瓶子草与瓶子草属植物一样存在休眠期。通常眼镜蛇瓶子草于每年的3月萌发，位于高地地区的可于4月萌发。4~6月为花期，之后则进入生长期，长出捕虫叶。当10月气温逐渐下降，日照逐渐缩短，眼镜蛇瓶子草则停止生长，进入休眠直至来年春季。休眠期间其叶不凋谢，仍为绿色。

眼镜蛇瓶子草的捕虫瓶会分泌大量蜜液，其气味浓重，在数米之外即可闻到，特别是那些丛状的植株。其气味类似于太阳瓶子草，不如瓶子草味甜。而分泌这些蜜液的目的即是为了吸引昆虫。蜜腺集中于鱼尾状附属物，特别是红色部分。

眼镜蛇瓶子草在植被较密集而使得种子无法发育的地方也能进行繁殖，这得力于其较强的无性生殖能力。成年的眼镜蛇瓶子草会不断长出匍匐茎，匍匐茎可延伸达1米，各顶芽之间则可间隔数米。若其间茎断裂则可分裂为两棵独立的植株，所以其与瓶子草属物种的分支不同。通常眼镜蛇瓶子草从种子生长至成年植株需要3~7年时间，而通过分株则能加快培植速度。通过不断的分株，眼镜蛇瓶

子草可迅速占领周围地区，从而保持其优势地位。这使其在周围植被密集地区的适应能力要强于瓶子草属植物。这种现象也可见于少数太阳瓶子草属植物中，如曲曼他太阳瓶子草。

眼镜蛇瓶子草叶片的许多特征在食虫植物中是独有的。如其半透明的斑点，虽然瓶子草属的某些物种也具有类似的斑点，但其是不透明的，不过两者在功能上是相同的。而眼镜蛇瓶子草捕虫瓶的上部，包括其球状膨大处，常呈90° ~270° 逆时针扭转，使得捕虫瓶的翼常呈螺旋状分布于捕虫瓶管状部。此外，眼镜蛇瓶子草也是唯一用匍匐茎繁殖的囊状植物。

大部分生长于恶劣环境中的食虫植物，其根系都会出现高度的改变，眼镜蛇瓶子草也不例外，其根系能耐受大火而存活下来。但火后其根系的环境温度不能超过10℃，而通常其植株所处环境温度可能超过25℃。适宜的温度对于所有植物来说都是非常重要的，但不同器官对温度有不同要求却极其罕见。至今，人们对眼镜蛇瓶子草这种温度的差异性要求的生理机制及进化优势还未研究清楚。

一直以来，人们对于眼镜蛇瓶子草的授粉方式都不甚了解。其花朵形状特殊而复杂，是虫媒花的特殊标志，但尚未被确定。眼镜蛇瓶子草的花朵为黄紫色。花外侧有5枚绿色的花萼，内侧有5枚带有红色纹路的花瓣，花萼比花瓣长。目前尚未实际观察到授粉的过程，只能推测授粉者为苍蝇或一些夜行性昆虫，被花朵怪异的味道吸引而来。

请君入"瓮"的土瓶草

土瓶草又称澳大利亚瓶子草，是土瓶草科唯一的一种，原产于澳大利亚西南部。它是多年生草本，有短的木质地下茎。花呈淡黄色，其下位叶瓶状，用以捕捉昆虫。

土瓶草在原产地春天发叶，叶呈卵形，平且末段尖状。叶梗平且短。叶子的寿命通常为一年，待新叶发出后老叶枯萎。某些叶子可超过8厘米，但平均长度为3厘米。一些植物学家认为这些并不是

它真正意义上的叶子，而是由于不适宜的环境而未能长成的叶笼。也就是说，当周围的环境中没有充足的昆虫可供捕食时，这些“叶片”便进行光合作用以弥补营养的不足。这一理论的依据便是有时候植株会长出奇怪形状的类似空茶杯的原始捕虫器。

土瓶草的捕虫器

土瓶草的捕虫器同某些品种的猪笼草的捕虫器十分相似，但梗与捕虫器的连接处在背部的上端，这一点区别于猪笼草（猪笼草的连接处位于瓶底）。瓶盖上多毛并且有漂亮的条纹，瓶口有辐射状的突起形成钩状物，并在瓶口内部伸出，形成刺状物。叶笼长度4毫米~4.5厘米不等，但大多数在3厘米左右。经过人工培育，一些个体的叶笼可达8厘米。

土瓶草生有两种叶子，一种和普通叶子一样可以进行光合作用，另一种为捕虫用的瓶罐形叶子，内有消化液，外面有一个盖子，防止雨水流入稀释消化液。盖子上有透明的斑点，类似蓝天的效果，可以迷惑虫子。土瓶草以前被分到虎耳草科，属于蔷薇目，1998年根据基因亲缘关系分类的APG分类法将其单独列为一个科，放到酢浆草目下面。虽然土瓶草是食虫植物，但有一种澳大利亚特有的蝇子却将蛹放在土瓶草的瓶叶中孵化。目前土瓶草已经被世界各地作为栽培观赏植物引种。在阳光直射下，土瓶草颜色鲜艳；如果生长在光照充足的阴影中，则成为绿色。

奇形怪状的瓶形陷阱

土瓶草，单科（土瓶草科）单属单种，原产自澳大利亚西南部的湿地中。土瓶草给人的第一印象便是像几个胖嘟嘟的可爱小弟弟散坐在草上，懒洋洋地晒着太阳，很童话的感觉。叶子的形状好像带盖子的小瓶。囊袋和盖在强日照下呈紫红色，囊盖上有透明窗吸引昆虫。袋内部有腺体，袋口滑溜，昆虫停留在袋口外缘上很容易失足掉入袋内，被袋内的液体淹死后由消化液消化分解。

第二章 有毒植物

植物与人们的生活息息相关。但是植物自身的化学成分复杂，其中有很多是有毒的物质，不慎接触到，可能会引起很多疾病甚至造成死亡。

大多数植物出于自我防御的目的，总会或多或少含有毒素，毕竟植物的弱点是无法四处游走。经过无数次尝试和教训之后，动物和人类已大致了解了植物中哪些安全，哪些有毒，哪些介乎两者之间。

世界上最毒的树

人们往往形容坏人“毒如蛇蝎”，其实比蛇蝎还要毒的动物为数并不少，而有毒的植物就更多了。

据统计，有毒的植物不下上千种。最毒的植物是什么呢？有一种植物，如果它的汁液溶入人的伤口与血液接触，那么这人的心脏就很快被麻痹，血液凝固，必死无疑。如果将汁液不小心弄到眼睛里，就会立刻失明。

这是什么植物？它叫箭毒木，是一种桑科植物，产于我国广西、海南和云南南部，印度和印度尼西亚也有分布。它树干粗壮、高大雄伟，远远望去与一般乔木并无二样。但这种树能分泌一种乳白色的汁液，含有剧毒成分。这种含有剧毒成分的树液，即使没有击中猎物的要害，只要猎物负了伤粘上一点，则

必死无疑。傣族地区有一个“贯三水”的说法，意为用这种树液制成的弓箭射中野兽后，任凭它多么凶猛，跳不出三步，必然倒毙。所以，箭毒木又叫“见血封喉”。

箭毒木为乔木，高达30米；具乳白色树液，树皮灰色，具泡沫状凸起。叶互生，长椭圆形，长9～19厘米，宽4～6厘米，基部圆或心形，不对称；叶背和小枝常有毛，边缘有时有锯齿状裂片。雄花序头状，花黄色。果肉质，梨形，紫黑色，味极苦，直径3～5厘米。花期春夏季，果期秋季。箭毒木为桑科常绿大乔木，又名加独树、加布、剪刀树等，树干基部粗大，具有板根。箭毒木现为濒临灭绝的稀有树种，是国家二级保护植物。

恐怖的传说

据传，最早发现箭毒木汁液有剧毒的是西双版纳的傣族猎人。这名傣族猎人在森林狩猎时被一只硕大的狗熊追赶，迫于无奈，爬上了树。在狗熊也要爬上树的紧急关头，猎人顺手折断了树枝，猛然刺向狗熊。不料，狗熊即刻倒毙。这时他才发现这种树是有毒的。此后傣族猎人便用箭毒木汁液涂在箭头上狩猎。当人们说起箭毒木时犹如大祸临头，称它为“死亡之树”。据史料记载，1859年，东印

度群岛的土著人在抗击英军入侵时，就是用带有箭毒木汁液的箭射向敌军，其杀伤力令英军心惊胆战。莫名其妙，不知这是何等先进武器，英军因此一筹莫展，不敢再贸然出击。

可爱的一面

尽管说起来是那样的可怕，实际上箭毒木也有很可爱的一面：树皮特别厚，富含细长柔韧的纤维，云南省西双版纳的少数民族常巧妙地利用它制作褥垫、衣服或筒裙。取长度适宜的一段树干，用小木棒翻来覆去地均匀敲打，当树皮与木质层分离时，就像蛇蜕皮一样取下整段树皮，或用刀将其剖开，以整块剥取，然后放入水中浸泡一个月左右，再放到清水中边敲打边冲洗，经这样的程序除去毒液，脱去胶质，再晒干就会得到一块洁白、厚实、柔软的纤维层。用它制作的床上褥垫，既舒适又耐用，睡上几十年也还具有很好的弹性；用它制作的衣服或筒裙，既轻柔又保暖，深受当地居民喜爱。

箭毒木的毒液成分是见血封喉甙，具有加速心律、增加心血输出量的作用，在医药学上有研究价值和开发价值。

断肠草

断肠草并不是一种植物的学名，而是一组植物的通称。在各地都有不同的断肠草。那些具有剧毒，能引起呕吐等消化道反应，并且可以让人毙命的植物似乎都被扣上了断肠草的大名。比如，瑞香科的狼毒、毛茛科的乌头以及卫矛科的雷公藤都是“断肠草家族”的成员。在这些毒物之中，名气最大的当属马钱科钩吻属的钩吻了。

揭秘断肠草

杀人于无形，还无特效药的断肠草究竟是一种怎样的植物？误服了它是否真能断肠？

断肠草枝很光滑，叶子为对生的卵状长圆叶，开小黄花，花冠有些像漏斗，花的内面分布着淡红色的斑点。误服断肠草后，患者会有腹痛、抽筋、眩晕、言语含糊不清、呼吸衰竭、昏迷等症状。断肠草可能会导致肠子粘连，腹痛不止，至于断肠草断肠的说法毕竟还只是传说。

不过，也有专家认为，断肠草并非专指某一种药。在古代，人们往往把服用以后能对人体产生胃肠道强烈毒副反应的草都叫作断肠草。据各种资料可以查到的“断肠草”，至少是10种以上中药材或植物的名称。比如，在中医临床上比较常用的雷公藤，其别名也叫断肠草，但是它与钩吻没有任何的联系，在植物分类上不是同一科属。

此外，人们所熟知的中药，毛茛科的乌头、瑞香科的狼毒、大戟科的大戟等，在古代都因具有明显的毒性而有“断肠草”的名称。

断肠亦断魂的钩吻

钩吻是马钱子科植物胡蔓藤，多年生常绿藤本植物。其主要的毒性物质是钩吻碱、胡蔓藤碱等生物碱。据记载，吃下钩吻后肠子会变黑粘连，人会腹痛不止直至死亡。一般的解毒方法是洗胃，服炭灰，再用碱水和催吐剂。洗胃后用绿豆、金银花和甘草急煎后服用可解毒。

★ 常被误为金银花

钩吻又名断肠草，根浅黄色，有甜味。它全身有毒，尤其根、叶毒性最大。

在实际生活中，市民往往容易把钩吻误看成金银花，但钩吻和金银花之间并不是不能辨别。首先看枝叶的外形。钩吻一般枝叶较大，叶子呈卵状长圆形，叶面光滑。而金银花枝叶较细，较柔，枝条上常带有细细的白色绒毛。

其次看花朵的着生方式。钩吻的花一般生长在枝条的关节

处和枝条的顶端，而且其花是呈簇状生长，一个关节处往往有多朵花。而金银花主要生长在枝条的关节处，花朵成对状，一个关节处一般只生长两朵小花。

另外，花朵的形状和色彩有所不同。钩吻的花冠黄色，花形呈漏斗状，是合瓣花，长1～1.6厘米。而金银花的花冠呈唇形，花朵呈喇叭状，是离瓣花，花筒较细长，花也比钩吻的花小，并且金银花初开时花朵为白色，一两天后才变为金黄，新旧相参，黄白衬映，故名金银花。

据了解，误食钩吻会在短时间内呈现烧心、头痛、恶心呕吐、口吐白沫、腹痛不止等中毒症状，一旦误食应尽快送医院。

2005年底，广东省韶关市曲江区某职业学院的3名学生在登山途中采摘回一丛鲜嫩的金银花。

回到宿舍后，他们将“金银花”用开水泡着喝，并邀请舍友一起品尝。10多分钟后，9名服用“金银花”水的学生接连出现中毒症状，虽及时送到医院抢救，但仍有一人死亡。经检验，误食的“金银花”就是钩吻，俗称断肠草。

★ 钩吻的传奇色彩

神农氏从小就聪明过人，经常帮助周围的人解决一些难题。相传，神农有着一副透明的肚肠，能清楚地看见自己吃到腹中的东西。当他看到百姓因疾病而无药医治的时候，他的心里非常着急。为了寻找能解除百姓疾病苦痛的药材，他常年奔走在山林原野间，遍尝百草，哪怕中毒也在所不惜。

神农“一日而遇七十毒”的说法因此广为流传。一天，神农看到一些翠绿的叶子散发着淡淡清香，于是摘下一片服下。可是意想不到的是，这片叶子通过他的腹内竟然将胃肠搽洗得特别清爽，于是神农就将这种叶子常常带在身边作为解毒之用。

自那以后，只要毒草在腹中作怪，神农就立即吞些这种叶子，因此，神农虽然尝试了很多有毒的植物，但都能化险为夷。直到有一次，神农在一处向阳的地方发现了一种叶片相对而生的藤，这种藤上开着淡黄色的小花，于是神农就摘了片叶子放进嘴里咽下。可是令他意想不到的是毒性发作得很快，他出现了一些不适之感。神农刚要吞下那种解毒的叶子，却看见自己的肠子已经断成一截一截的了，不多久，这位亲尝无数草药的神农，就这样断送了自己的性命，因此这种植物被人们称为断肠草。

断肠草又名钩吻，还称胡蔓藤、大茶药、山砒霜、烂肠草等。它全身有毒，尤其根、叶毒性最大。此钩吻主要分布在浙江、福建、湖南、广东、广西、贵州、云南等省、自治区，它喜欢生长在向阳的地方。人常常将钩吻看成金银花而误食。如果在这些地方看到类似的植物就一定要注意了，以防误食。

专家称钩吻确有显著的镇痛作用。在武侠小说《神雕侠侣》中，杨过因为中了情花毒而痛不欲生，幸亏情花边的断肠草救了他。先不说小说中描写的断肠草是否是钩吻，就看他以毒攻毒就已经够神了。

能让人中毒的钩吻也有着医药价值。很早以前，钩吻就已经被人们认识并应用。李时珍《本草纲目》记载：断肠草，人误食其叶者死。李时珍所说的断肠草就是钩吻。钩吻毒素的作用机理主要表现在抗炎症、镇痛等方面，钩吻毒素有显著的镇痛作用和加强催眠的作用。目前，钩吻的药用价值已在中国许多领域广泛应用。

狼毒

狼毒为瑞香科多年生草本植物。在高原上，牧民们因它含有毒液而给它取了这样一个名字。狼毒花根系大，吸水能力强，能够适应干旱寒冷的气候，生命力强，周围草本植物很难与之抗争，在一些地方已被视为草原荒漠化的“警示灯”。而高原上狼毒地泛滥，最重要的

原因则是人们的过度放牧，其他物种少了，狼毒就乘虚而入。狼毒的根入药具有泻水逐饮、破积杀虫之功效；现代研究表明，中药狼毒亦具有抗癌的作用。狼毒的根及茎皮可作为造纸工业原料。

狼毒生长于海拔2600～4200米的干燥而向阳的高山草坡、草坪或河滩台地。它分布于我国北部、西北部高原荒漠区及西南高原地区。俄罗斯西伯利亚也有分布。

★ 瑞香狼毒

瑞香狼毒又名红狼毒、断肠草、打碗花、山丹花、闷头花、一把香。它为瑞香科多年生草本，高20～40厘米；根圆柱形；茎丛生，平滑无毛，下部几近木质，带褐色或淡红色。单叶互生，较密，狭卵形至线形，长1～3厘米，宽2～10毫米，全缘，两面无毛；老时略带革质；叶柄极短。头状花序顶生，直径约2.5厘米；萼常呈花冠状，白色或黄色，带紫红色，萼筒呈细管状，先端5裂，裂片平展，矩圆形至倒卵形；雄蕊10，成2列着生于喉部；子房上位，上部密被细毛，花

柱短，柱头头状。果卵形，为花被管基部所包。种子1枚。花期5～6月。生于高山及草原，分布在我国的东北、华北、西北、西南等地。

★ 月腺大戟

月腺大戟为大戟科多年生草本植物，高30～60厘米。根肥厚肉质，纺锤形至圆锥形，外皮黄褐色，有黄色乳汁。茎绿色，基部带紫色。叶互生，叶片长圆状披针形，长4～11厘米，宽1～2.5厘米，全缘。总花序多歧聚伞状，顶生，5伞梗呈伞状，每伞梗又生出3小伞梗；杯状聚伞花序宽钟形，总杯裂片先端有不规则浅裂；腺体半月形。蒴果三角状扁球形，无毛。种子圆卵形，棕褐色。花期4～6月，果期5～7月。生于山坡、草地或林下，主产安徽、河南、江苏、山东、湖北等省。

★ 狼毒大戟

狼毒大戟又名白狼毒、猫眼草。它为大戟科多年生草本植物，高达40厘米，有白色乳汁。叶互生，叶片矩圆形至矩圆状披针形，长3～8厘米，宽1～3厘米，全

缘，叶状苞片5，轮生。总状花序多歧聚伞状，通常5伞梗，每伞梗又生出3小伞梗；杯状总苞裂片内面近于无毛，外面有柔毛，边缘有睫毛，腺体肾形。蒴果密生短柔毛或无毛。花期5～6月，果期6～7月。生于干草原、向阳山坡。主产地为我国的东北、华北。

★ 鸡肠狼毒

鸡肠狼毒又名金丝矮陀陀，为大戟科多年生草本植物，高约20厘米，含白色乳汁。根粗大，肥短，近圆锥状，形如萝卜，外皮黑褐色，内面微黄白色，根顶部平截，有多数顶芽，陆续抽出地上茎。茎有的带红色。叶互生，常密集枝端，叶片条形，长2～3厘米，宽约4毫米，主脉突出。春末开黄绿色花，茎顶抽出5～8条花序，每枝有1～3分枝，分枝基部有4～5片叶状苞片，分枝顶端各生一杯状聚伞花序，总苞黄绿色，有4～5裂片，形如花瓣。生于向阳的山坡草地或灌丛中，主产地为我国的云南、山西等省。

★ 大狼毒

大狼毒又名格枝糯、乌吐、五虎下西山、矮红，为大戟科多年生草本植物，有白色乳汁。根块状或圆锥状，外皮褐色，内面黄白色。茎直立，紫棕色。单叶互生，近于无柄；叶片窄椭圆形或长方披针形，长1.5～6厘米，宽8～15毫米。

花序顶生及腋生，分枝处通常有3片叶状卵圆形苞片，最终分枝顶端有小苞片2片，顶端着生一杯状聚伞花序。花浅黄色，腺体棕红色，扁宽椭圆形，蒴果卵圆形，有软刺。成熟时3室开裂。生于高山岩石缝中或山坡草地。主产地为云南省。

★ 雷公藤

雷公藤为卫矛科植物，又叫黄藤、黄腊藤、菜虫药、红药、水莽草，主产于福建、浙江、安徽、河南等地。原植物生于背阴多湿的山坡、山谷、溪边灌木丛中。喜较为阴凉的山坡，以偏酸性、肥沃、土层深厚的沙质土或黄壤土最宜生长。味苦、辛，性凉，大毒。有祛风除湿、通络止痛、消肿止痛、解毒杀虫的功效，往往在湿热结节、癌瘤积毒的情况下使用。临床上用其治疗麻风反应、类风湿性关节炎等，药理研究表明其有抗肿瘤、抗炎等作用。但其有大毒，使用应须谨慎。

雷公藤中毒则恶心、呕吐、腹痛、腹泻、血压下降、呼吸困难，最后因心脏及呼吸抑制而死亡。解救用催吐、洗胃、灌肠、导泻等法，或用蛋清、面糊保护黏膜，注射葡萄糖、强心兴奋剂，给氧气等对症治疗。

雷公藤对各种动物毒性不同，它对人、犬、猪及昆虫的毒性很大，可以使其中毒甚至死亡，但是对羊、兔、猫、鼠、鱼却无毒性。雷公藤对机体的作用有

二：一为对胃肠道局部的刺激作用；二为吸收后对中枢神经系统(包括视丘、中脑、延髓、小脑及脊髓)的损害，及引起肝、心的出血与坏死。雷公藤主要毒害动物的心脏，但对其他平滑肌及横纹肌亦有毒性，此为中毒致死的原因之一。雷公藤的毒性成分可用醚浸出，经过还原作用，毒性完全消失。

★ 葫蔓藤

葫蔓藤是葫蔓藤科一年生的藤本植物。它外形和金银花接近，一种是开出黄色小花，结出豆荚形状的果实，另一种开紫色小花。不过这两种都很纤细，茎只有铅笔芯粗细、20多厘米高，叶子细密而零碎、小指甲大小，根部有一股臭味。

其主要的毒性物质是葫蔓藤碱。据记载，吃下葫蔓藤后肠子会变黑粘连，人会腹痛并晕眩，口吐白沫，瞳孔散大，下颚脱落，肌肉无力，因心脏及呼吸衰竭而死亡。一般的解毒方法是洗胃，服炭灰，再用碱水和催吐剂；洗胃后用绿豆、金银花和甘草急煎后服用可解毒。

★ 亡藤

亡藤俗称土农药，分布在湘、鄂、赣广阔区域，是一种有毒的植物，人吞食后会因中毒而死亡，因此叫亡藤。叶绿色，藤呈褐红色，人食后肠胃难受似肝肠寸断，毒性发作后干渴难耐，喝水只会加重毒性在消化系统的蔓延，若未能及时采取措施让其呕吐出来，最终将因延误治疗时机而身亡。

藤蔓常缠绕其他植株上，有时候与茶树伴生。春天时节亡藤突生新绿貌似茶树叶片，不注意间容易被人误采摘，因此春季采茶当注意。民间亦流传着诸多关于亡藤的传说故事，流传较多的是常有人患有皮肤怪病，全身流脓，在无药可救之际，试图吞食亡藤叶以求速死，然而食后却不仅未死，反而治好了皮肤怪病。这种以毒攻毒的故事只是传说，尚无科学依据，切勿效之。

湘北地区流传着一段民谣："青叶子，红棍子，吃了困盒子。"这里"吃了困盒子"的意思就是吃后中毒身亡要进棺材的意思，乡间以此告诫儿童切勿误食亡藤。

非洲断肠草

在非洲塞伦盖提平原西北的森林里，有一种植物叫断肠草，它生长在刺树丛中，依靠空气中的少量水和阳光生存，是一种喜阴植物。它最大的特点是有着极度的敏感性，不愿意让任何东西接近，当有人或是其他东西不小心碰它一下，它就会从那一刻开始慢慢衰老而死，因此，当地人们也把它叫作孤独草。但一名植物学家研究后发现只要给断肠草持续的接触，它就不会死亡。

迷幻精灵曼陀罗

曼陀罗又叫曼荼罗、满达、曼扎、曼达、醉心花、狗核桃、洋金花、枫茄花、万桃花、闹羊花、大喇叭花、山茄子等，多野生在田间、沟旁、道边、河岸、山坡等地方。意译作圆华、白团华、适意华、悦意华等。曼陀罗原产于热带及亚热带，我国各省、自治区、直辖市均有分布。曼陀罗喜温暖、向阳及排水良好的砂质壤土。主要危害棉花、豆类、薯类、蔬菜等作物。

曼陀罗在热带为木本或半木本，在温带地区为一年生直立草本植物。茎粗壮直立，主茎常木质化。株高50～150厘米，全株光滑无毛，有时幼叶上有疏毛。上部常呈二叉状分枝。叶互生，叶片宽卵形，边缘具不规则的波状浅裂或疏齿，具长柄。脉上生有疏短柔毛。花单生在叶腋或枝杈处；花萼5齿裂筒状，花冠漏斗状，长7～10厘米，筒部淡绿色，上部白色；

花冠带紫色晕者，为紫花曼陀罗。花期夏、秋季。蒴果直立，表面有硬刺，卵圆形。种子稍扁肾形，黑褐色。播种法繁殖。

“麻沸散”曼陀罗

曼陀罗是世界上最早、最有效的麻醉剂。早在公元200多年，名医华佗就曾用以曼陀罗为主的麻醉剂“麻沸散”为病人施行刮骨手术。传说三国时，华佗在为中箭伤的关羽进行刮骨疗毒的过程中，便悄悄在他的酒中下了“麻沸散”，而关公不知，术中神情自若，还夸赞华佗医术高明。李时珍在《本草纲目》中充分肯定了曼陀罗的麻醉作用。在南美洲，死去武士的姬妾或奴隶在被活埋殉葬前，要喝用曼陀罗果实酿造的酒来麻痹自己以减轻痛苦。相似的是，在我国清代，行刑前的犯人会以高价向狱卒索取一种用曼陀罗酿的蒙花药酒，也是为了减轻痛苦。曼陀罗的花至今仍是中药麻醉的主要药用成分。

曼陀罗含有多种生物碱，它会干扰人体正常的神经功能，使人产生幻觉。曼陀罗的长相很奇特，长长的喇叭形花朵、长满硬刺的果实，因此被中南美洲的印第安人称为“仙果”。他们中的一些人乐于从这种“仙果”中产生幻觉，

从此获得“快乐”。在欧洲，曼陀罗又名詹姆斯草，其中隐藏着一支英国军队因误食该草而弄得十分尴尬的故事。1750年，一支英国军队来到了北美的一个殖民地詹姆斯镇。他们在食用生菜时，无意中混入了曼陀罗的

嫩叶，这导致士兵们产生了疯狂的幻觉。他们有时在地上打滚，有时手舞足蹈，口中念着莫名其妙的奇语。英国军队本来是以严肃、善战和服装整齐而闻名于世的，这次出了一个大洋相，此次曼陀罗事件弄得英军威名扫地。此后，殖民地人民便将它称为“詹姆斯草”。

死亡传说

在西方传说中，黑色的曼陀罗当属花中极品，是高贵典雅而神秘的花儿。黑夜里的曼陀罗是一种花朵很像百合的花，它夜开昼合，花香清淡幽雅，闻多了会让你产生轻微的幻觉。传说中每一株黑色曼陀罗花里都住有一个精灵，它可以帮你实现愿望，但却有交换的条件，那就是人类的鲜血。只要你用自己的鲜血浇灌那妖娆的黑色曼陀罗，在它开花的时候，花中的精灵就会满足你的一个愿望。但只能用自己的鲜血浇灌，因为精灵们喜欢这种热烈而致命的感觉。

在西方的传说中，曼陀罗一直被赋予恐怖的色彩。因为曼陀罗

盘根错节的根部类似人形，中世纪时西方人对模样奇特的曼陀罗多加揣想，当时传说当曼陀罗被连根挖起时，会惊声尖叫，而听到尖叫声的人非死即疯。

在西方，曼陀罗花的解语是：诈情、骗爱；敬畏、敬爱；不可预知的死亡和爱。相传，在古老的西班牙，曼陀罗似冷漠的观望者，常盛开于刑场附近，麻木祷告着生命消逝的每一个灵魂。

曼陀罗的价值

曼陀罗花不仅可用于麻醉，而且还可用于治疗疾病。其叶、花、籽均可入药，味辛、性温，有大毒。花祛风湿，止喘定痛，可治惊痫和寒哮，煎汤洗治诸风顽痹及寒湿脚气。花瓣的镇痛作用尤佳，

可治神经痛等。叶和籽可用于镇咳镇痛。由于曼陀罗花属剧毒，国家限制销售，特需时必经有关医生处方定点控制使用。

曼陀罗中所含药用成分可使肌肉松弛，汗腺分泌受抑制，因此古人将此花所制的麻醉药取名为“蒙汗药”。曼陀罗花、根、果实等含有的天仙子碱等生物碱具有很强的镇静效果，但如使用剂量太大，就会使人精神错乱，意识模糊产生幻觉，导致昏迷麻痹等中毒反应。传说中华佗的麻醉方剂“麻沸散”中便含有曼陀罗的成分。

致命的夹竹桃

夹竹桃，原产印度、伊朗和阿富汗，在我国栽培历史悠久，遍及南北城乡各地。夹竹桃喜欢充足的光照，温暖和湿润的气候条件。其花色有红色和白色两种。因为它的叶片像竹，花朵如桃，故而得其名。它对粉尘、烟尘有较强的吸附力，因而被誉为“绿色吸尘器”。但是夹竹桃的叶、皮、根、花均有毒，人若误食，会中毒。

夹竹桃的叶子长得很有意思。三片叶子组成一个小组，环绕枝条，从同一个地方向外生长。夹竹桃的叶子是长长的披针形，叶的边缘异常光滑，叶子上主脉从叶柄笔直地长到叶尖，众多支脉则从主脉上生出，横向排列得整整齐齐。

夹竹桃的叶上还有一层薄薄的蜡。这层蜡能替叶子保水、保温，使植物能够抵御严寒。所以，夹竹桃不怕寒冷，在冬季，照样绿姿不改。

夹竹桃的花有香气。花集中长在枝条的顶端，它们聚集在

一起好似一把张开的伞。夹竹桃花的形状像漏斗，花瓣相互重叠，有红色、黄色和白色三种，其中，红色是它自然的色彩，白色、黄色是人工长期培育造就的新品种。

要命的毒素

夹竹桃是最毒的植物之一，包含了多种毒素，有些甚至是致命的。它的毒性极高，曾有小量致命或差点致命的报告。夹竹桃中最大量的毒素是强心甙类的欧夹竹桃甙及neriine。强心甙类是自然的植物或动物毒素，对心脏同时有正面或毒性的影响。在夹竹桃的各个部位都可以找到这些毒素，但在汁液中浓度最高。科学家相信夹竹桃内仍有很多未知的有害物质。另外，夹竹桃树皮上有rosagenin，可以造成像番木鳖碱的影响。整棵植物包括其汁液都带有毒性，其他的部位亦会有不良影响。夹竹桃的毒性在枯干后依然存在，焚烧夹竹桃产生之烟雾亦有高度的毒性。10～20片叶子就能对成人造成不良影响，单一叶子就可以令婴儿丧命。对于动物而言，只要其体重中每千克重量有0.5毫克的夹竹桃就可以致命。大部分的动物对于夹竹桃都有不良或死亡的反应。

根据美国毒物控制中心联合会毒物暴露监督系统的报告指出，美国在2002年有847例夹竹桃中毒

事件。在印度有多宗以吃夹竹桃自杀的案例。香港曾有因使用夹竹桃枝烹调食品或搅拌粥品而致死的案例。台湾也曾经发生过以夹竹桃枝当筷子，吃下有毒汁液中毒的惨案。

积极的一面

观赏价值：夹竹桃的叶片如柳似竹，红花灼灼，胜似桃花，花冠粉红至深红或白色，有特殊香气，花期为6~10月，是有名的观赏花卉。

药用价值：现代医学研究证明，夹竹桃叶含有夹竹桃甙、糖甙等多种物质，花含洋地黄甙、甙元、桃甙等成分。它们具有显著的强心利尿、发汗催吐和镇痛作用，效果与洋地黄相似，属于慢性强心甙类药物。临床报告中夹竹桃的水煎液，试用于各种原因引起的心力衰竭。夹竹桃苦寒，有毒，可用于治疗心脏病、心力衰竭、经闭，还可用于治疗跌打损伤、瘀血肿痛等症。

环保价值：夹竹桃有抗烟雾、抗灰尘、抗毒物和净化空气、保护环境的能力。夹竹桃的叶片对二氧化硫、二氧化碳、氟化氢、氯气等有害气体有较强的抵抗作用。据测定，盆栽的夹竹桃，在距污染源40米处仅受到轻度损害，170米处则基本无害，仍能正常开花，其叶片的含硫量比未污染的高7倍以上。夹竹桃即使全身落满了灰尘，仍能旺盛生长，被人们称为“环保卫士”。

植物油脂蓖麻

蓖麻，大戟科植物的一种，一年或多年生草本植物。全株光滑，上被蜡粉，通常呈绿色、青灰色或紫红色；茎圆形中空，有分枝；叶互生较大，掌状分裂；圆锥花序，单性花无花瓣，雌花着生在花序的上部，淡红色花柱，雄花在花序的下部，淡黄色；蒴果有刺或无刺；椭圆形种子，种皮硬，有光泽并有黑、白、棕色斑纹。蓖麻喜高温，不耐霜，酸碱适应性强。种子叫蓖麻籽，种子外形似豆，表面有花斑，成熟后含有毒的蓖麻碱。榨的油叫蓖麻油，医药上用作泻药，工业上用作润滑油。

蓖麻可能原产非洲，已在全世界热带驯化，中国、印度和巴西是主要种植国。在热带，其植株可高达10～13米，在温带气候条件下则成为仅高1.5～2.4米的一年生植物。蓖麻属仅蓖麻一种，但有成百个自然类型和许多园艺品种。

一茶匙的量就致命

蓖麻毒素是一种从蓖麻籽中提炼出来的天然有毒物质。每年全世界进行工业处理的蓖麻籽大约有100万吨，经过处理后的残留物便是蓖麻毒素。人无论是通过食道、注射，还是吸入一茶匙这种有毒的物质便会致死。

蓖麻毒素能在5天内导致人死亡。相比较而言，儿童比成人更容易中毒。如果是通过呼吸道吸入的，蓖麻毒素可能会导致呼吸衰竭，在36～48小时内导致死亡。如果是通过注射进入体内，那么蓖麻毒素将会立即导致注射部位的肌肉和淋巴结坏死，接着人体的其他一些主要器官也跟着无法正常工作，从而导致死亡。如果蓖麻毒素通过服用进入人体，通常会导致呕吐和内出血，从而导致肝脏、胰、肾等衰竭死亡，整个人体内循环系统也就因此瘫痪了。

如果蓖麻籽的外壳没有破坏，直接被吞入腹中，通常它会完好地通过人的消化系统，不会对人体造成任何伤害。但如果蓖麻籽被嚼碎吃下去，毒素就会进入人体。

现在有人在研究利用蓖麻毒素制作老鼠药。

蓖麻籽具有很强的毒性，主要是蓖麻毒素所致。它是一种毒性很强的代谢毒素，对胃肠黏膜有刺激作用，可损害肝、肾和淋巴组织，还有凝集红细胞和溶血、麻痹运动中枢和呼吸中枢的作用。成人误食蓖麻籽10余粒会致死，儿童生食3～5粒蓖麻籽即可致死。蓖麻籽外观漂亮、饱满，儿童又不了解其毒性，很容易误食中毒。

蓖麻籽中毒的潜伏期较长，一般为1～3天，多在被食后18～24小时发生作用。

蓖麻籽中毒的处理方法：立即催吐、洗胃及导泻，必要时进行高位灌肠，尽快使体内残留的毒素排出。口服米汤、牛奶，以保护胃黏膜，并注意保暖。严重者应尽快送医院抢救。

蓖麻的利用价值

蓖麻别名红麻、草麻、八麻子、牛蓖等，原产于埃及、埃塞俄比亚和印度，后传播到巴西、泰国、阿根廷、美国等国。蓖麻的利用价值非常高，蓖麻籽可以榨油；蓖麻叶可以养蚕；蓖麻茎秆可以制板和造纸；蓖麻的根、茎、叶、籽均可入药。现代医学研究表明，蓖麻毒素是重要的抗癌物质；蓖麻粕营养丰富，是优质有机肥，脱毒后是一种高蛋白饲料。蓖麻籽含油量50%左右，是其他油料作物所不能及的。其籽油含90%左右的羟基脂肪酸，独特的分子结构决定了蓖麻是一种重要的工业油料作物，被称为“绿色可再生石油资源”，是替代石油，生产化工原料最理想的植物油脂。

蓖麻产业已受到国内外政府、化学家、化工学家、生物学家、医学家和企业家的关注。美国将其列为八大战略物资之一，法国将用蓖麻生产尼龙11技术列为国家一级机密，巴西实施以蓖麻为主要原料之一的国家能源替代计划，印度将蓖麻列入期货产品，率先实现了蓖麻的市场化。

蓖麻种植在全世界30余个国家已经达到工业化规模。在印度、中国、巴西、俄罗斯、泰国、埃塞俄比亚和菲律宾等国的种植产量约占全世界蓖麻总产量的88%。历史上，巴西、中国、印度是主要的蓖麻生产国。然而，在20世纪90年代初，巴西农民不再种植蓖麻而转向了更赚钱的植物，中国国内需求急剧增加使中国成为净进口国，由印度来满足全世界蓖麻需求。全球蓖麻油的产量大约是每年50～55万吨，其中印度的产量占了一半以上。每年全球蓖麻贸易平

均约在30万吨，主要的消费国家或地区是欧盟国家、美国、日本。中国和印度的消费量增速非常快，已成为主要的消费国。印度作为主要的生产国和出口国，在全球蓖麻油业务中起着重要作用。蓖麻油的深加工主要是依托法国的阿托公司（ATOCHEM，尼龙11为代表）和中国（癸二酸和尼龙1010为代表）、日本（精制癸二酸）、巴西（生物柴油、生物降解聚合物材料）的一些企业。目前，蓖麻油及其衍生产品在法国、德国、英国、美国、澳大利亚、日本、中国、印度等国得到广泛应用。

北美毒草水毒芹

水毒芹被美国农业部列为“北美地区毒性最强的植物”。水毒芹含有毒芹素，这种毒素能够破坏中枢神经。水毒芹分布广泛，它原产于北美洲，属于伞形科植物。水毒芹平均高为0.6～1.3米，可以长到1.8米高。

水毒芹是一种直立生长的野生植物，花朵为白色小花，美丽诱人，叶子上有紫色条纹。水毒芹的根为白色，有时人们会因此而错把它当成欧洲防风草，这可是个致命错误。

麻痹呼吸肌

水毒芹全身都含有一种叫作毒芹素的毒素，但是这种毒素主要集中在水毒芹的根部位置，任何把它当成欧洲防风草而误食者，都将面临迅速死亡的危险。它被很多人认为是北美洲最致命的植物。它身上主要有毒成分为毒芹碱、甲基毒芹碱和毒芹毒素。毒芹碱的作用类似箭毒，能麻痹运动神经，抑制延髓中枢。人中毒量为30～

60毫克，致死量为120～150毫克；加热与干燥可降低毒芹毒性。毒芹毒素主要兴奋中枢神经系统。

水毒芹所含有的毒芹素，能使误食者在食后不久即感口腔、咽喉部烧灼刺痛，随即出现胸闷、头痛、恶心、呕吐，吐出物有鼠尿样特殊臭味，乏力、嗜睡；继则四肢无力，步履困难，痉挛，肌肉震颤；四肢麻痹（先下肢再延及上肢），眼睑下垂，瞳孔散大，失声，常因呼吸肌麻痹窒息而死。致死期最短者数分钟，长者可达25小时。中毒者即使幸运生存下来，也将面临长期的亚健康状况困扰，比如患上失忆症等。

毒芹与苏格拉底之死

苏格拉底被称为西方的孔子，这是因为他开创了一个新的时代，这个时代并不是靠军事或政治的力量所成就的，而是透过理性，对人的生命做出透彻的阐释，从而引导出一种新的生活态度。

公元前399年，在陪审制度的发源地雅典，年近七旬的苏格拉底被人以“不敬神”和“腐化青年”的罪名告上法庭。审理这一案件的是从雅典公民中抽签产生的多达500人的庞大陪审团。

经过法庭辩论和举证后，伟大的哲学家苏格拉底被判死刑，而结束他生命的是一种叫毒芹的植物，这是一种毒性稍逊于水毒芹的植物。

毒芹的外形很像胡萝卜，却有着能让人丧命的毒性。毒死苏格

拉底的毒芹汁在古希腊是对犯人施刑的常用毒剂。毒芹又名毒人参、斑毒芹或芹叶钩吻，为伞形科毒参属植物。毒芹在药用植物中可以说得上是臭名昭著了，这种有剧毒的伞形科植物散发着令人十分不舒服的气味，它的主要成分为毒芹碱，是一种强碱性生物碱，闻起来有一股像鼠尿一样的臭味，能使人因呼吸肌麻痹而窒息。

毒芹为多年生草本，高约50～100厘米，根状茎粗大而短，中空，圆筒状，上部分枝。毒芹基部生叶，叶片2～3回羽状全裂，边缘具尖锯齿状。毒芹会开出一种复伞形花序，顶生，半球形，花瓣白色；双悬果近球形。毒芹多生于路边和田间地头，在我国东北、华北及西北均有分布；欧洲和北美的很多国家以及亚洲的朝鲜、日本也有分布。

劝君莫采撷的鸡母珠

鸡母珠，又名美人豆、相思豆、相思子，是豆科相思子属的一种有毒植物，泛热带分布。鸡母珠的种子中含有一种被人们称为鸡母珠毒素的蛋白质，此毒素具有很强的毒性。误食者会中毒，严重时甚至会丧命。它的种子可以做成珠串饰物与打击乐器；台湾民间亦流传有以茎入茶增添香气的说法。

能让人丧命的鸡母珠

鸡母珠为落叶性多年生缠绕性藤本，通常缠绕于灌木上生长。茎常缠绕于其他植物体上，长2～5米，多分枝，嫩茎被毛。偶数羽状复叶，小叶8～12对，膜质，长椭圆形或

近长方形，具有甘草味道。花多数，丛生于结节上，呈总状花序腋生。花初呈淡紫色，后转红色；萼4裂；花冠蝶形；雄蕊9，单体。荚果长椭圆形，稍肿胀，长2.5～5厘米，内含种子3～6枚。种子阔椭圆形，坚硬，有光泽红色，沿着白色的种脐有一黑色斑块。花果期：秋末至初冬。

鸡母珠的种子外壳坚硬，生吞下完整未破裂的种子时，未必会造成立即的伤害，即使如此，被人不小心误食时，也要马上将其送医院治疗。以鸡母珠的种子加工做成珠串项链是一件很危险的工作，曾经有人在为种子钻孔时，不小心刺伤手指，被毒素感染而死亡的案例。

剧毒的种子

鸡母珠种子含有鸡母珠毒蛋白，种子外壳较硬，当外壳破裂时

才具有危险性，误食无破损的种子不易中毒。但是如果种子被刮伤或损坏，对人的危害将是致命性的。

鸡母珠毒蛋白比蓖麻毒蛋白更具致命性，吸入不到3微克的鸡母珠毒蛋白就可以使人丧命，而1颗鸡母珠豆的含毒量要大于3微克。鸡母珠毒蛋白破坏细胞膜，阻止蛋白质的合成，让细胞最重要的职责不能够完成。中毒的症状为：在数小时至一日内出现食欲不振、恶心、呕吐、肠绞痛、腹泻、便血、无尿、瞳孔散大、惊厥、呼吸困难和心力衰竭，严重的呕吐和腹泻可导致脱水、酸中毒和休克，甚至出现黄疸、血尿等溶血现象，一般中毒者因呼吸衰竭而死亡。尸检可见胃和肠内大面积溃疡及出血。治疗以支持性疗法及透析治疗为主。

鸡母珠为有毒植物，其毒性主要集中在种子，叶和根次之。而一粒果仁即可使人致死。各种动物对鸡母珠的毒性有不同的敏感性，如60克种子可使马致死，而同样剂量却不会造成牛、羊和猪的死亡。

主管生死的颠茄

颠茄是多年草本植物，在富含石灰质的土壤中群生。颠茄果实初春发芽，全长40～50厘米，最高可达5米，全草可入药。

颠茄根呈圆柱形，直径5～15毫米，表面浅灰棕色，具纵皱纹；老根木质，细根易折断，断面平坦，皮部狭，灰白色，木部宽广，棕黄色，形成层环纹明显，髓部中空。茎扁圆柱形，直径3～6毫米，表面黄绿色，有细纵皱纹及稀疏的细点状皮孔，中空，幼茎有毛。茎粗壮直立，上部分枝。

叶互生，叶片广卵圆形或卵状长圆形，叶表面呈蝉绿色，背面灰绿色。叶多皱缩破碎，完整叶片卵状椭圆形，叶在茎下部互生，上部一大一小成双生，草质，长5～22厘米，宽3.5～11厘米，全缘。

花冠钟状，淡紫褐色。浆果球形，成熟时黑紫色。花期可持续到夏季，开深紫色花朵，花萼5裂。之后可结1厘米左右大小的绿色球

形果实，成熟后为黑色，具长梗，种子多数。

Atropa是植物分类学家林奈根据它的毒性命名的。Atropa是希腊神话中的司命运的三个女神中最年长的，她能割断生命之线，主管人的生死，可见其毒性是很大的。颠茄根的煎煮物能够扩大眼睛的瞳孔，古代西班牙姑娘爱用颠茄滴眼，使得瞳孔放大而显得漂亮，因此颠茄又有belladonna这个俗称。belladonna源于意大利语的bella donna，意为“漂亮女人”。

甜味多汁的毒果

在颠茄的叶、果实和根部含有毒性成分颠茄生物碱、莨菪碱等。当它长到0.6至1.2米高的时候，毒性最强，这时候它的叶子显深绿色，花为紫色钟形。浆果为甜味多汁，经常会有儿童误食。如果误食者食用足够的剂量，将严重影响其中枢神经系统，这些毒素神不知鬼不觉地麻痹食入者肌肉里面的神经末梢，比如血管肌、心脏肌和胃肠道肌里面的神经末梢。颠茄在土壤丰富、水分充足的地方生长茂盛，在世界一些地方大量存在，而在美国，仅看到有人工种植的颠茄，野外几乎没有它的踪影。

食用颠茄会造成对光敏感、视力模糊、头痛、思维混乱以及抽

搐。两个浆果的摄取量就可以使一个小孩丧命，10至20个浆果会杀死一个成年人。即使砍伐它，也要小心翼翼，以免引起过敏症状。

药用价值

颠茄为常用中草药之一。全草含颠茄碱、莨菪碱以及东莨菪碱等，有抗胆碱等功效，可用于镇静、麻醉、止痛、镇痉、减少腺体（例如涎腺和汗腺）分泌，以及扩大瞳孔等。20世纪90年代，东莨菪碱应用于戒毒，取得了显著疗效。

有毒的“坏女人”

“坏女人”是一种有毒的香草。“坏女人”深绿色的叶片成齿状，长有五个像耳垂般的白色花瓣，成年的“坏女人”一株可以高达1.2米。

这种植物能使碰到它的人陷入痛苦之中，而不是使其中毒。

“坏女人”为蔷薇亚纲大戟科大戟属植物，主要分布在美国西南部以及墨西哥。

它的表面铺满尖刺，并且这些尖刺非常坚硬，甚至有需要的话，可以把这种植物的尖刺当成鱼钩来使用。

有人接触到这种植

物，它的尖刺会让接触者疼痛难忍。

远离“坏女人”

这种植物的真正可怕之处是向外渗出的一种具有腐蚀性的乳状液体。

渗出乳状液体是大戟属植物家族很多成员的一个共同特征，这种液体能够导致令人痛苦的皮肤刺激以及不雅观的变色现象。

有人曾不小心将大戟属植物渗出的液体弄到眼睛里，令他们感到非常吃惊的是，这种液体居然对眼睛造成了长期损伤。

第三章

传说中的恐怖植物

关于吃人植物是否存在，现在还没有肯定的结论。有些学者认为，在目前已发现的食肉植物中，捕食的动物仅仅是小小的昆虫而已，它们分泌出的消化液，对小虫子来说恐怕是汪洋大海，但对于人或较大的动物来说，简直微不足道，因此，很难使人相信地球上存在吃人植物的说法。但也有一些学者认为，虽然眼下还没有足够证据说明吃人植物的存在，可是不应该武断地加以彻底否定，因为科学家的足迹还没有踏遍全世界的每一个角落。

关于食人花的争论

食人花的传说

传说中食人花是一种神秘的植物，有着动物的某些习性。至少要吞食十条鲜活的生命才能开出一朵花，十而有一，也就是十朵花里经过不断的生物鲜活生命的供养才能结出一个绿色的小小果实！吃了无数过路的虫蚁鸟兽，甚至无辜的路人，同时也吞噬另外九枚小果实，到百年的时候，食人花的一枚绿色果实才会从绿到褐红，再熟成滴血的赤红。那时这种子就成了世间珍品，可以做成提高能力值的灵药。可惜这只是传说而已，根本没人见过赤红色的食人花果实。

究竟有没有食人花

1979年，英国毕生研究食肉植物的权威艾得里安斯莱克在他出版的专著《食肉植物》中说：到目前为止，在学术界尚未发现有关吃人植物的正式记载和报道。就连著名的植物学巨著、德国人恩格勒主编的《植物自然分科志》，以及世界性的《有花植物与蕨类植物辞典》中，也没有任何关于吃人树的描写。除此以外，英国著名生物学家华莱士，在他走遍南洋群岛后所撰写的名著《马来群岛游记》中，记述了许多罕见的南洋热带植物，但也未曾提到过有吃人植物。所以，绝大多数植物学家倾向于认为，世界上也许不存在这样一类能够吃人的植物。

既然植物学家没有肯定，那怎么会出现吃人植物的说法呢？艾得里安斯莱克和其他一些学者认为，最大的可能是人们根据食肉植物捕捉昆虫的特性，经过想象和夸张而产生的；当然也可能是根据某些未经核实的传说而误传的。根据有关资料得知，地球上确确实实地存在着行为独特的食肉植物（亦称食虫植物），它们分布在世界各国，共有500多种，其中最著名的有瓶子草、猪笼草和捕捉水下昆虫的狸藻等。

艾得里安斯莱克在他的专著《食肉植物》中指出，这些植物的叶子长得非常奇特，有的像瓶子，有的像小口袋或蚌壳，也有的叶子上长满腺毛，能分泌出各种消化液来消化虫体，它们通常捕食蚊蝇类的小虫子，但有时也能“吃”掉低频蜻蜓一样的大昆虫。这些食肉植物大多数生长在经常被雨水冲洗和缺少矿物质的地带，由于这些地区的土壤呈酸性，缺乏氮素营养，因此植物根部的吸收作用不大，为了满足生存的需要，它们经历了漫长的演化过程，变成了一类能吃动物的植物。但是，艾得里安斯莱克强调说，在迄今所知道的食肉植物中，还没有发现哪一种是像某些文章中所描述的那样：生有许多长长的枝条，行人如果不注意碰到，枝条就会紧紧地缠起来，枝条上分泌出一种极黏的消化液，牢牢地把人粘住勒死，直到将人体中的营养吸收完为止。

大王花疑是食人花

大王花，因为花的直径很大，又加上花体本身会散发出一种腐烂的尸臭味，所以让人以为它会吃人，这是它得到食人花这个名字的由来。大王花的花心是一个大空洞，可以让一个小孩坐进去。大王花是一种标准的寄生植物，生长在印度尼西亚苏门答腊的热带丛林里，每年的5~10月是大王花的主要生长季节。

大王花的腐臭味只是吸引苍蝇来授粉而已；而还有一种更大的花——Titan魔芋！花高足足有2.7米，来自于印度尼西亚西苏门达腊的热带雨林，由植物学家Odoardo Beccari于1878年所发现。庞大百合状的花朵闻起来就像是正在腐败的尸肉，因此，又被称之为尸花。

它特殊的尸肉腐败的味道也是为了吸引昆虫来授粉的。而食虫植物里也没有以人为食的，甚至连能吃老鼠的都没有，因为它们无法消化节肢动物以外的生物，所以世界上是没有食人花的。

大王花的真面目

大王花是双子叶植物纲蔷薇亚纲大花草科大花草属的一种，主要产于马来群岛。

它是一种肉质寄生草本植物，主轴极短，重达9千克。花巨型，艳色，有腐败气味，吸引嗜腐肉昆虫传粉，花被内面有小疣突。

雌雄异株。雌花子房下位，有不规则的腔隙，胚珠多数，着生于侧膜胎座上，珠被单层。雄花的花药多室，顶孔开裂。更为奇特的是，这种植物既没有叶子，也没有茎，而是寄生在葡萄科爬岩藤属植物的根或茎的下部。

★ 世界第一大花

在印度尼西亚苏门答腊的热带森林里，生长着一种十分奇特的植物，它的名字叫大花草，号称世界第一大花。这种寄生性植物有着植物世界最大的花朵，它一生中只开一朵花，花朵通常长到直径0.9米，最大的直径可达1.4米，质量最重可达10千克。这种花肉质多，颜色五彩斑斓，上面的斑点使其看上去像青春期孩子的一张长满粉刺的脸。这种植物不仅花朵巨大，还会散发具有刺激性的腐臭气味，吸引逐臭昆虫来为它传粉。花的中间有个洞，能够盛水。花有5片又大又厚的花瓣，整个花冠呈鲜红色，上面有点点白斑，每片长约30厘米，仅花瓣就有6～7千克重，因此看上去绚丽而又壮观。花心像个面盆，可以盛7～8千克水，是世界“花王”。

大王花没有叶子，也没有茎，就长在一种藤本植物上，它是种寄生植物，专靠吸取别的植物的营养来生活，整个花就是它身体的全部。大王花把从藤本植物上吸收来的营养几乎全部供应花的生长。它的种子很小，用肉眼几乎难以看清。它的种子传播也有点特殊，小种子带黏性，当大象或其他动物踩上它时，就会被带到别的地方生根、发芽，进行繁殖。大王花生长在马来西亚、印度尼西亚的爪哇和苏门答腊等热带森林中。

大王花的花期有4天，花期过后，大王花逐渐凋谢，颜色慢慢变黑，最后会变成一摊黏糊糊的黑东西。不过受过粉的雌花，会在以后的7个月渐渐形成一个腐烂的果实。灿烂的花结出了腐烂的果实，这也算是植物界的一个奇观。

被确定的大王花品种共有16种，而16种大王花的品种皆生长在东南亚一带，印度尼西亚的苏门答腊和爪哇岛、马来西亚（拥有15个品种）。

★ 最臭的开花植物

大花草寄生在像葡萄一类的爬岩藤属的根茎上。花刚开的时候，有一点儿香味，不到几天就臭不可闻。在自然界里香花能招引昆虫传粉，像大花草这样的臭花也同样能引诱某些蝇类和甲虫为它传粉。它可谓是植物学上的“离经叛道者”，它是一方面从另一种植物中“盗取”营养物，另一方面哄骗昆虫在其上面授粉的寄生植物。

大王花生长在海拔500~700米高度的热带雨林中，由于没有四季之分，所以不一定会在什么时候冒出来。不过根据当地人的说法，每年的5~10月，是它最主要的生长季。当它刚冒出地面时，大约只有乒乓球那么大，经过几个月的缓慢生长，变成了甘蓝菜般的大小，接着5片肉质的花瓣缓缓张开，令人难以相信的是，大王花好不容易开出来的巨大花朵，居然只能维持4~5天，而且在这4~5天中，花朵会不断地释放出一种奇特的臭味，像粪便一样臭，蝴蝶、蜜蜂都不愿理睬它，大型的动物也会回避，而一些逐臭的昆虫则来为它传粉做媒。当花瓣凋谢时，大王花会化成一堆腐败的黑色物质，不久，果实也成熟了，里头隐藏着许许多多细小的种子，随时准备掉到地面，找寻适当的发芽地点。

扑朔迷离的恶魔之树

恐怖的传说记录

有关食人树的说法有几起。卡尔·李奇博士在1920年9月26日的《美国周报》上报告说，他于1878年在马达加斯加目睹了一棵巨大的开花植物将一名年轻女子消化掉。所配的艺术想象图描绘了这名女子的命运。她被认为是世所罕闻的残忍部族Mkodos人的一员。1925年，仍是这家报纸发表了第二个有关食人树的故事，这次是在菲律宾棉兰老岛的一种树。作者布兰特在文章里声称他在漫步时走入了岛上的禁地，一棵食人树伸展开来，叶子发出嘶嘶声。他的向导认识这种树，便把他打倒在地，带离了那些可能致命的叶子的伸展范围。布兰特的故事配着一幅描

绘这棵树的图片。后来他注解说，树周围的大量骨骼并非真的存在，而他原本曾接近那棵树，把它当成遮阳棚。

后来，科学家对马达加斯加及菲律宾与世隔绝的区域进行了考察，否认了这些说法。追根溯源，大到足以消化人的植物的说法，源于几种诸如捕蝇草之类的植物，这些植物能够消化昆虫，甚至是放置在叶子上的小块肉类。无论如何，所谓真的遇到食人树，不过是因其娱乐价值而被夸张地传述罢了。了解了这些植物的生活状况，关于“食人树”的问题也就自然明白了。可以说，正是这些食虫植物激起了某些小说作家的想象，从而写出了“食人树”之类耸人听闻的故事。而真正能捕食人或哪怕稍大些的动物的植物，至今还没有在地球上被发现过。

揭开食人树之谜

1878年，殖民列强在设法教化和征服那些偏远地区的人们的时候，发现这个世界竟是如此怪异。他们将自己的所见所闻传回伦敦、布鲁塞尔和柏林，他们提到了遥远的陆地、失落的城市以及在动物园里所看不到的动物，当然，他们讲述的很多故事都是夸大了的，而且大部分随着时间流逝，被人们遗忘。但是马达加斯加岛上的荒野丛林和有关它的传说，却很难被人淡忘。

马达加斯加岛现在仍是草木丛生，对外界来说，它仍存在一些未被开发的地区。在这里生长的90%的自然菌群，在世界其他地区根本看不到。它是一个丛林，一切都有可能潜伏在里面。德国探险家卡尔·李奇博士手持弯刀，带领着一队当地的穴居土著——姆科多人

进入丛林深处。到达一个空旷地时，李奇突然停下了脚步。眼前的景象是任何一个白人都不曾见过的：一根“像2.4米高的菠萝”的树干上长着浓密的叶片，树叶从树顶一直垂到地面上，2.1米长的卷须向四面八方伸展。

李奇产生了一种不祥的预感。他开始跟他的英国助手交谈，并注意到那些当地人开始变得非常兴奋。他们把一名姆科多妇女推向那棵大树，并开始祈祷。该妇女喝了从食人树里渗出的一种非常奇怪的液体后，变得非常疯狂，开始竭斯底里地大喊大叫。圣歌在继续，只见那棵原本慵懒的像死了一样的残暴的食人树，突然恢复了野性的活力。卷须像蛇一样快速伸出，勒紧妇女的脖子和身体，使她无法呼吸。那个妇女的尖叫声变得越来越弱，最后完全消失了。这时树叶把她一层层包裹起来，直到不留一丝缝隙。10天后李奇重新回到这个地方时，他在那棵树下只看到一堆白骨。

关于马达加斯加岛食人树的故事，是殖民时代一些人为了吹嘘而编造的一个故事。该故事最早出现在《南澳大利亚记事报》上，这篇文章显然是李奇所写。这篇文章一经发表，便不胫而走，立刻传播开来。1887年有人宣称找到了类似的树，这种树被称作雅特夫。在接下来的一个世纪，有关食人植物的故事不断出现在神话和电影中。

食人树传说的主角——奠柏

世界上能吃动物的植物，约500多种，但绝大多数只能吃些细小的昆虫。据说生长在印度尼西亚爪哇岛上的一种树，名叫奠柏，可算得上是世界上最凶猛的树了。只是，直到如今，也没人见过奠柏的庐山真面目。这种植物是真是假，只有待科学研究考证了。

据说奠柏树高八九米，长着很多长长的枝条，垂贴地面。有的枝条像快断的电线，风吹摇曳，如果有人不小心碰到它们，树上所有的枝会像魔爪似的朝一个方向伸过来，把人卷住，而且越缠越紧，使人脱不了身。树枝很快会分泌出一种黏性很强的胶汁，能消化被捕获的“食物”，动物粘了这种液体，就慢慢被“消化”掉，成为树的美餐。当奠柏的枝条吸完了养料，又展开飘动，再次布下天罗地网，准备捕捉下一个牺牲者。

当地人已掌握了它的“脾气”，只要先用鱼去喂它，等它吃饱后，就懒得动了，当地人就赶快去采集它的树汁。因为这树的树汁是制药的宝贵原料。奠柏虽然凶猛，但终究斗不过人，最后还得乖乖地被人们利用。

残忍的捕人藤

据说，在巴拿马的热带原始森林里，还生长着一种类似奠柏的捕人藤。如果不小心碰到了它的藤条，它就会像蟒蛇一样把人紧紧缠住，直到勒死，然后吸收尸体来满足自己生长所需要的养分。

人或者是动物如果碰到了这种藤，那些带钩刺的藤枝就会一拥

而上，把人或动物围起来刺伤。如果没有旁人发现并且援助，就很难摆脱这种困境。因此，在遇见这种植物时，千万不要因为好奇心而去触摸。

由于流传着这些耸人听闻的报道，植物学家不能对此无动于衷。1971年，由南美洲科学家组成的一支探险队，深入马达加斯加岛，在传闻有吃人树的地区进行了广泛的调查，结果一无所获。对于食人植物，很多人持肯定态度。众所周知，有一些植物对光、声、触动很敏感，如葵花向阳，合欢树的叶朝开夜合，含羞草对触动的反应等。最近又有人发现，植物也有味觉、痛觉，甚至还会唱歌。由此推论下去，食人植物的存在不是没有可能的。

第四章 植物的反击

植物的一生中，经常会受到动物的伤害，因为所有的动物都直接或间接以植物为食，植物因此采取各种办法来进行自我保护。很多植物并不是干等着食草动物来吃它们的叶子，它们也会反击，而且用的是致命武器。“道高一尺，魔高一丈”，那些动物会“发明”出与之对抗的武器，而那些植物又会进一步采取防御措施……于是，人们在动物和植物之间发现了极富戏剧性的一幕。

植物对人的反击战

自有生命以来，人类与植物就有着千丝万缕的微妙关系。植物与人类既是朋友，也是敌人。人类砍伐植物，盖上舒适的建筑物，修筑宽敞的大马路，而植物也总在无声无息、无休无止地进行着收复失地的抗争。它们分数路向城市进击，缓慢推移，步步为营地逐步蚕食……

植物的开路先锋是苔藓和野草，它们首先占领了城市中许多场所——屋顶、阴沟、垃圾场、钟楼、年代已久的雕像或废弃的建筑物，甚至才造好几年的建筑物的墙缝中也会钻出大量蕨类植物和野草。科学家们称它们为楼宇植物。

植物的生长首先需要种子。而植物的种子是如何传播的呢？原来，看似很洁净的空气中却充满了无数非常细小的苔藓、蕨类、地衣和真菌的孢子。它们极为细小，且非常轻，能随风四处飘扬，分散而落，甚至新西兰的苔藓

植物的孢子能飞到南美洲的安第斯山脉。小鸟也是传播种子的“有功之臣”，它那漂亮的羽毛可夹带着种子和孢子飞越千山万水。无处不在的种子和孢子常常依附在旅游者的鞋子、衣物上同游世界，随遇而安地寻地安家。

地衣是藻类植物入侵城市的先遣队，它几乎能在城市中的任何地方找到立足之点。它顽强的生命力，能冲破一切禁区，就是北极的荒原、热带的沙漠都不能扼杀它的生命。它是植物界最坚韧不拔者。地衣占领城市的现象很有趣，凡是其他植物难以立足的地方，都由它率先开拓，而后就被其他接踵而来的一批批绿色植物所更换。就像部队换防，它总是冲在前面打头阵，打下江山让别人坐天下，极富牺牲精神。

天空中的地衣孢子不仅能在墙缝中生存，就是在石壁上或水泥壁上也能存活。地衣的生存能力之所以如此顽强，是因为它能产生出一种叫地衣酸的化学物质。这种酸性物质可使砖的表面溶解、腐蚀、分解，同时还为自己的生存制造矿物营养，形成一层极薄的“原始土壤”。只要没有严重的空气污染，地衣就会一代代生长和消亡，死去的躯体使土壤层渐渐加厚。接着，苔藓、蕨类植物等也就相继前来“安营扎寨”，而后繁衍成长，生生不息。

植物的绿色给城市里密集的人群带来了绿色的渴望，呼吸的清新，但它具有的相当大的摧毁力量又让人类十分担忧。植物的力量

产生于它的根。它那微小的根须看起来很柔软，却可以钻进很细小的建筑物的裂缝。随着植株的不断长大，根也渐渐变粗，同时产生一股威力巨大的液压，迫使裂缝扩大。植物这种四两拨千斤的力量，可使建筑物墙倒砖散，有时能将整个混凝土或柏油马路的表面掀起。最容易受到侵袭的是那些古代建筑和雕塑。古代名城罗马和雅典，许多装饰教堂四周的彩色玻璃艺术品，由于受到地衣酸的腐蚀，变得斑斑渍渍，失去了往日的丰姿。受害最深的是坐落在潮湿地方的石雕像，它们被密密实实的苔藓包裹起来，已经“面目全非”；弃置的工厂、医院，不用多久就会变成一片荒野……

迄今为止，植物进行收复失地之战已经历了千年万载。最近在中美洲和南美洲的原始森林中，发现不少古代城市的遗迹，植物生态学家推断，这些被湮没在林海之中的遗迹，也许正是几千年前植物与城市攻防战的结果。

动植物“战争”趣闻

植物战胜了动物

1981年，一种叫舞毒蛾的森林害虫在美国东北部的橡树林大肆蔓延，把4平方公里的橡树叶子啃食精光，橡树林受到了严重危害。可是到了1982年，当地的舞毒蛾突然销声匿迹，而橡树林则郁郁葱葱，生机盎然。这使森林学家们感到非常奇怪，因为舞毒蛾是一种极难扑灭的森林害虫，大面积的虫害更难防治，舞毒蛾怎么会自行消失的呢？通过分析橡树叶子的化学成分，科学家发现了一个惊人的秘密：在遭到舞毒蛾咬食之前，橡树叶子中的单宁酸并不多；但在咬食之后，叶子中的单宁酸大量增加。单宁酸跟舞毒蛾体内的蛋白质结合后，使得叶子难以消化。而吃了含有大量单宁酸的橡树叶子，舞毒蛾会变得食欲不振，行动呆滞，很不舒服，结果不是病死，就是被鸟类吃掉。正是依靠单宁酸这种奇妙的“武器”，橡树林战胜了舞毒蛾！

无独有偶，在阿拉斯加也曾发生过类似的趣事。1970年，阿拉斯加原始森林中的野兔繁殖非常迅速，它们啃食植物嫩芽，破坏树

木根系，严重威胁森林的生存。为了保护森林，人们想方设法围捕野兔，可是收效甚微。眼看大量森林即将遭到毁灭，就在这时，野兔突然集体生起病来，猛拉肚子，大量病死，几个月之内，野兔的数量急剧减少，最后在森林中消失了。野兔怎么会突然消失呢？科

学家发现，森林中所有被野兔咬过的树木，在其新长出的芽叶中都会产生一种有毒萜烯。正是这种化学物质使得野兔生病、死亡，最终离开了森林。

长颈鹿和驼刺合欢之间的拉锯战

数百万年前，由于大群的羚羊、角马、斑马吃光了南非草原上所有的草，忍让的长颈鹿只好向“高层次”发展，它们长出长长的脖子，身高达到5.8米，可以吃到驼刺合欢树冠上的叶子。驼刺合欢最初的防御措施是：在叶子间长出5厘米长像钢针一般坚硬的刺来，这些刺实际上是变态叶。

长颈鹿采取了两种措施来对付那种刺。第一，长颈鹿的舌头、喉咙、食道和胃壁都长了厚厚的皮制“铠甲”，就算吃下去几千克图钉，它们也不会受重伤。第二，长颈鹿吃叶子的时候，从不会垂直对着树枝下嘴，而是活动下颌从侧面捋着吃。这样它们只接触刺的侧面，而不会碰到刺的尖。此外，长颈鹿的舌头长而且窄，舌尖可以灵巧地卷住薄薄的叶子，并把刺从叶子之间挑出来。

可是驼刺合欢又有应付的办法：一旦一只长颈鹿开始在一棵树上吃叶子，10分钟之内，

这棵树就开始在它的叶子里生产一种毒素，量大时可以致动物于死命。南非动物学家乌特尔·霍文发现，这种毒素就是被化学家称为单宁酸的鞣酸，如果动物把它随着叶子一道吃下去，就会有越来越强烈的恶心感觉，于是就停下不吃了。只要停得及时，便不会导致太糟的后果。

当旱季到来，大群饥饿的羚羊争先恐后啃吃驼刺合欢的叶子，然后痛苦万状地死去时，在草原上自由行动的长颈鹿很久以前就已想出了对策。它们在一棵驼刺合欢上啃叶子的时间从来不会超过5～10分钟，一旦品尝出毒素的苦味，它们就走向下一棵树了。然而，驼刺合欢却采用了一种令人难以置信的方法，决心毁了长颈鹿的美餐。原来，正在被长颈鹿啃吃的树不仅放出毒素保护自己，同时还释放出一种警告气味，向附近的驼刺合欢发出信号："注意！敌人来了！快救你们自己吧，现在就开始放毒！"借着风的帮助，50米内的其他树都收到了警报，便立即开始行动，在5～10分钟内释放毒素。当长颈鹿走到它们那里去吃的时候，甚至1分钟不到就得草草收场。没吃饱的长颈鹿只好再往前走，而这棵树就保住了它的外衣。

尽管驼刺合欢似有"心灵感应"的本事，可是长颈鹿也很狡猾，它一发觉嘴里的叶子开始变苦了，就不随意去找另一棵树，而是顶着风去找一棵还没有收到警报的树。若是没有风，它就会跑上至少50米，也就是跑出气味警报的范围以外才又开始啃叶子。

另一种合欢树对付长

颈鹿则有一个绝招：它的每一根刺都从一个小红萝卜那么大的球体里伸出来，假花散发出的浓郁蜜香招引了蚂蚁。蚂蚁发现那个空球体很适合居住，于是筑巢留了下来。这样它们就成了树的“贴身保镖”，能阻止各种吃叶子的动物。而长颈鹿对蚂蚁的惧怕远远超过对刺的惧怕，避之唯恐不及。现在，这种奇特的“蚂蚁合欢”在塞伦盖蒂草原上的数量大大增加，植物就是这样极其巧妙地保护自己不被啃得光秃秃。

现在看来，大自然预先采取了措施，既不让合欢树被长颈鹿吃秃了，也不让长颈鹿饿死，没有一种树木和草会被消灭光，也没有一种动物被剥夺了生存的权利。动物和植物之间就像是订立了一项“和平协议”。

植物对付动物的种种绝招

合欢树能做到的，别的植物其实也能做到。为什么咖啡树的果实里含有咖啡因，茶树叶子里含有茶碱，烟草叶里含有尼古丁呢？它们是为了让人悠闲地享用的吗？恐怕不是这样。这些对人们有提神或镇定作用的物质其实都是毒素，是真正的“杀虫剂”，是这些植物用来杀死那些要吃它们的果实或叶子的昆虫及其他动物的工具。生物学家给蝴蝶幼虫和蚊子幼虫施了小剂量的咖啡因，它们就不再吃东西了，像触了电似的到处乱爬，生长也停止了。如果施用大剂量，它们会在24小时内死掉。而喷过咖啡因的番茄，也再没有什么啃叶子的昆虫会啃食了。

沙漠中的仙人掌，它们的叶退化成刺，浑身的刺好像一个大荫棚，而且那些刺密密麻麻，让人难以接近。在沙漠里绿色植物十分

稀少，仙人掌如果没有这些扎人的刺，很容易就成了沙漠中食草动物的一顿美餐。含羞草稍被触摸，就会自然地收缩起来。科学家观察发现，含羞草的这种特性，其实也是一种特殊的自我保护方法。含羞草的害羞特性，不仅能避开狂风暴雨的袭击，据说还能防止动物的伤害呢。因为动物稍稍碰它一下，它马上就会合拢叶片，这习惯性的动作准会让垂涎它的动物大吃一惊，继而逃之夭夭。

凡到我国东部和西南山区旅行考察的人，都要特别留心一种带刺的树木，它的树干上、枝条上，甚至叶柄上都长满了大大小小的棘刺。野兽不敢靠近它，鸟儿根本无法在上面立脚，因此它又有“鹊不踏”的别名。看来树上的这些尖刺，对防止动物的侵害非常管用。欧洲阿尔卑斯山上的落叶松也十分有趣，幼时的嫩芽被羊吃掉后，它就在原来的地方长出一簇刺针。于是，新芽就在刺针的严密保护下安然成长起来，一直长到羊吃不着它时，才抽出平常的枝条。

有的植物为了使自己免受灭顶之灾，就分泌出某些化学物质来对付动物。比如昆虫在吃了植物的茎叶以后，就会消化分解植物体内的多糖。昆虫的胃里有糖苷酶，它能促使多糖水解而变成单糖，在昆虫体内产生能量维持生命。有些植物根据这一情况，制造出一类带羟基的吡咯烷化合物，其化学结构跟果糖非常相似，能成功地欺骗糖苷酶，使它把这种化合物当作果糖结合。但一结合就再也掉不下来了，这样就破坏了糖苷酶的催化水解反应。昆虫吃下去后，纤维素不能消化，也就不能变为单糖。结果昆虫在吃了植物后就感觉不到甜味，因而胃口大伤，不再贪吃。植物就这样想尽办法来使昆虫厌食。

南美洲的一种野生马铃薯对付昆虫更有绝招。它的叶子上长着两种纤毛，如果蚜虫碰弯了其中一种，它就会分泌出一种胶来把蚜虫粘住；如果另外一种纤毛折了，则会有一种气体散发出来。奇妙

的是，这种气体竟和蚜虫在遭到瓢虫、草蛉幼虫进攻时发出的警告气味一样，蚜虫就会以为是别的同类在发警报："注意！有敌人在靠近！"于是，其他的蚜虫赶紧逃跑，它的叶子因此得救了。在美国，如果玉米地遭到螟蛾的侵害，玉米会发出求救信号，这是一种气味，它会引来姬蜂，而姬蜂则会杀死螟蛾。显而易见，这种植物竟会招引自己的"侍卫"！

植物的自卫手段，有时还有很大的杀伤力。中美洲有一种博尔塞拉树，不仅动物怕它，连人都怕它。若是羊、牛或人捋它的叶子，周围15厘米范围内的叶子就会向它（他）们劈头盖脸地浇下一种具有腐蚀性的液体。

非洲有一种叫马尔台尼亚的草，它的果实两端像山羊角般尖锐，生满针刺，形状相当可怕，有人因此称它为"恶魔角"。"恶魔角"不仅形象狰狞，而且威力无比，竟能杀死企图吞食它们的大型野兽。这种果实成熟后落入草中，当鹿来吃草时，果实就会插入鹿的鼻孔，于是鹿疼痛难忍，继而发狂而死。"恶魔角"有时长在狮子出没的地方，狮子活动时会被它蜇痛。当狮子发怒一口把它吞下时，“恶魔角”上的尖刺就会像铁锚一样牢牢定格在狮子的食道里。威风凛凛的狮子此时什么东西也不能吃了，只等着活活饿死。“恶魔角”如此厉害，其实只是为了防止自己的果实被动物糟蹋，保证马尔台尼亚草可以“传宗接代”。

众所周知，动物在受到攻击时会进行自卫。那么，植物在受到昆虫和野兽侵袭时能不能进行自卫呢？为了回答这个问题，英国植物学家厄金·豪克伊亚对白桦树林进行了大量观察研究。他发现，白桦树在被昆虫咬伤后，树叶中所含的酚会增加，这样，树叶对昆虫的营养价值就降低了。通常酚类在叶子遭到昆虫咬食后的几小时至几天内生成，它能抑制昆虫的进攻。不过这种酚的形成是暂时的，一旦昆虫的威胁解除，叶子中的酚也会减少。如果白桦树经常受到昆虫侵袭，树叶中就会产生一种长期抵抗昆虫的化学物质。有的科学家在枫树、柳树等植物叶子中发现了树内醛、树脂等抵抗害虫的化学物质。一些植物学家据此相信，植物是有自卫能力的，它们在

遭到昆虫或其他动物侵害时，能像动物一样迅速做出自卫反应，通过体内的化学变化产生出抵抗害虫的物质。

但是，也有一些植物学家不同意植物能够自卫的说法，认为自卫是有目的的反应，植物没有神经系统，没有意识，怎么能进行自卫呢？尽管人们发现了一些能产生抵抗物质的植物，但是种类并不多，还有许多植物并不表现出所谓的“自卫”能力。人们困惑不解的是，植物既无感觉神经又无意识，它们是怎么感知昆虫的侵袭，又是如何调整体内化学反应去合成一些使害虫望而生畏的化学物质？它们又是怎样散发和接受化学“警报”，协调集体抵抗动物的行为的？现在看来，只有弄清楚这些植物的生理学机理，才能最终解开植物和动物之间的“战争”之谜。